這本書 獻給正在創業路上努力的你

關於作者：

小鶴老師

從事室內設計約30年
室內設計教學18年
2018年創立魔力達文創工作室
終於搞懂了創業這一件事

年收入297萬的秘密

作者：許鶴耀

更多關於創業的細節
歡迎進入我們的網站跟我們討論
www.moride.biz

推薦序

說個人創業 也談人生態度

　　小鶴老師與我是在他讀博士班時結的師生緣，雖然他在學業上是我的學生，但在個人創業及生活經歷方面，卻是我可以學習的對象。在現今的社會中，想要經由個人創業，達成「年收入297萬」，是許多人追求的目標。許多人也都了解一些邁向成功的口號觀念，如：只要心態正確，失敗的經驗是很好養分，可以讓人學會很多事；透過累積一些實實在在的小成功，自己設定的目標是可以達成；要培養自己說一個簡潔有力故事的能力，做一個有影響力的人；先努力學會影響自己，才能影響別人，並透過演講及網路，進一步擴大自己的影響力；要有效率地擴大你的人脈等等。但要如何心態正確？如何設定實實在在的小目標？如何替產品說簡潔有力的故事？如何有效率擴大人脈？很多人都不知從何做起。

　　在這本書中，小鶴老師用簡單易懂、幽默風趣的敘述，實在不花俏的分享他是如何經由個人創業，達成「年收入297萬」的目標。在每一個主題中，沒有深奧的術語及艱深難懂的文字，反而是用許多他本身

的經歷或生活化的例子來說明，一步步地引導讀者，如何面對失敗，如何設定實在的小目標，如何培養說簡潔有力的故事，如何有效率擴大人脈。這些個人創業成功的經歷，何嘗不也是朝向豐富人生的一種態度呢？想要個人創業的人，都應該要讀這本書，不只是為了要了解如何進行個人創業，更因為要朝向豐富的人生邁進。

張阜民 教授
朝陽科技大學財務金融系

目 次

第一篇
那些失敗
教會我的事情

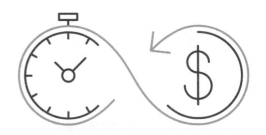

01.遇見小鎮鎮長

*****本故事純屬虛構，如有雷同，那就是雷同******

2016年，快年底的時候，我的辦公室來了一個人，他姓林，是我在社團裡認識的一個人。

他跟我說，他在花蓮的一個朋友，有一棟房子，希望把他改造成民宿，希望我能過去幫他設計。

我本來以太遠跟這幾天學校有課婉拒，他跟我說：反正你就當成去玩吧，跟我去一趟。

然後就開始發生了後面的事情……

嗯……蝴蝶效應是真的！

到了以後，我才知道這個地方——鳳林鎮，離花蓮市區還要45分鐘車程，在花東縱谷快到中間的地方，一個遺世獨立的小鎮，「遺世獨立」，聽起來很美對不對？對我來說才是災難的開始……

到了以後，一下火車，一個老先生來接我們，姓王，我們住的旅館就在火車站對面，他先帶我們到旅館安頓，寒暄了一下，就去看他的房子了，房子是處於一個很破敗的狀態，屋頂破了一個洞，木樑柱也損毀的差不多了，是以前的台鐵員工宿舍，因為就在火車站旁，他們希望能花很少的錢整修一下，作為過路

旅客的民宿。

我表示這個損毀太嚴重了，恐怕要花不少錢……

王大哥看我沒說出他要的結果（他可能是把室內設計師當神仙吧，其實我以前也常常遇到，覺得你是設計師應該有辦法用很少的錢把事情做好），就說，那先不談這個，我找鎮長出來吃飯，…………

鎮長？

對，我沒有聽錯，半小時以後，我們就跟鎮長坐在一家客家菜餐廳吃飯了。

鄉下地方的鎮長，就是這麼樸實無華，又親切。

喝了兩杯以後，鎮長仔細端詳我的名片，名片上面寫著……xx大學文創系講師，是我一年前在大學兼課的頭銜，「你會文創？」鎮長問……

我說：「會一點啦……在學校教過一陣子……」其實，我哪會什麼文創。

「您可以來幫我們弄文創嗎？」

「怎麼弄？」

「我們鎮有很多閒置空間，您來幫我們修改成文創園區，並且招商活絡地方……」

「那，租金怎麼算？」

「不用錢……」

不用錢，這時候我已經熱血沸騰了，幾乎已經確定了我下半輩子要在花蓮發展。

故事的開頭就是這樣，然後我就常常坐六個小時的火車到東部。

02.都還搞不清楚商業模式
　　我們就把公司開下去了

　　然後，我們就林先生當董事長，因爲他最有錢，王大哥當顧問，我當執行長。

　　各出資66.6萬，合資200萬，以後賺錢三人均分。

　　這就是合夥最大的問題，大家都只想賺錢要怎麼分，要是賠錢呢？

　　我們在火車站對面租了一棟透天厝當辦公室，月租5000，沒錯，5000台幣，你沒看錯，一樓加二樓總共42坪。

　　可是屋況有點糟糕，裝潢花了100萬，一半的錢就沒有了。

　　我們請了一位助理，也不知道要叫她做什麼，很好笑吧……

　　王大哥開始去跟鎮長要之前談的場所，一個荒廢許久的法院，就是所謂的蚊子館，蓋好了以後只辦過一件案子：某個農夫的牛失蹤了……

　　聽說這個地方的警察，因爲沒案子沒績效，還會躲在田裡抓酒駕，這就是小鎮，一個遺世獨立的地方……

　　王大哥帶我去找鎮長，鎮長說好，你們去找我的

秘書看怎麼辦比較好……秘書說：一切要按照標準作業程序承租……

　　好了，完蛋了……

　　公司裝潢好三個月後，我們沒有拿到半個閒置空間，一切都跟鎮長說的不一樣。

　　業務沒有一點進展……我一個人在這個鳥不生蛋的地方，開始覺得有點想哭……

　　合夥人呢？

　　林先生說他很忙……

　　王大哥說現在不做他會很沒面子......

　　只剩我每星期坐六個小時的車來花蓮，煩惱公司該怎麼繼續下去……然後再坐六個小時的車回去……

03.為了要活下去

在鎮長那邊要不到當初的承諾，我躺在床上，小鎮的夜好安靜……

我這才意識到什麼叫做頭洗下去了！

好可怕的現實……

我本來在文化大學台中推廣教育部跟東海大學推廣教育部教室內設計，月入大概10萬元，就因為跟鎮長吃了一頓飯，我把東海的課辭了，文化繼續教，全擠在星期五六日三天，一個月大概少了兩三萬，每個星期一從台中坐火車加公車加高鐵六個小時到這一個鳥不生蛋的地方……

然後，鎮長的秘書說一切要按照規定來……

王大哥你不是說鎮長是你的小弟嗎？

說這些都太多了，事已至此。

而且，我還發現另一個更嚴重的問題，小鎮有嚴重的小黑蚊，來找我的朋友，只要在外面站一下，整個腳就變紅豆冰了。

不行，人都來了，趕快想還有什麼生意好做……

我開始成立藝術家學會，想要集合一些藝術家的創作，成立一個網路市集或實體通路，第一次來了將近20人，這要謝謝我的助理，雖然我常不在公司，他

還是很認眞的打了很多電話，可是，慢慢的人越來越少，問原因……唉，小鎭太遠了……

　　然後，人就慢慢的散了，最後一次，剩下兩個人，跟我助理，加起來共四個人。

　　藝術家學會，就這樣胎死腹中了……

04.跟shopline的第一次接觸

　　因為總得讓助理有點事情做，鎮公所那邊看來是沒什麼希望了，於是我申請了shopline，一個可以在網路上賣東西的網站。

　　我請助理去跟小鎮的名產店談，可不可以在我們的網站上幫他們賣東西，談了老半天，條件都談不攏，一家賣花生的老店，我帶朋友去買花生的時候，朋友問老闆：「保存期限是多久？」，老闆竟然回答他：「不然你是要放多久？」，我朋友一氣之下不買了。

　　我開始覺得小鎮的人脾氣怎麼怪怪的？

　　再來，我發現只把東西放上去，根本沒人鳥我，土產也不是一定要吃的食物，所以，我彷彿看到我的購物車都結蜘蛛網了……

　　如果你的產品只是上架，你對他根本沒有論述，是沒有人會鳥你的。

　　還有，你的產品的需求性高嗎？不吃花生應該也不會怎麼樣吧……

　　還有，你的產品是你自己的嗎？為什麼你要幫別人賣花生？

05.論述你的商品

　　Shopline是一個購物車軟體，只是單純的把產品掛在網路上，對產品的論述不足，所以我得再找相關的工具。

　　我的室內設計的網站本來是用weebly建構的，weebly的特性是簡單，我可以很快教會我的助理使用，wordpress很多人誇獎，可是我試驗了一下，這個應該適用於公司有資管人員的公司，一般人恐怕很難駕馭，我們的公司大到只有一個助理，應該不用考慮了……

　　我從20年前就開始研究架設網站，從一開始的烘培機，看著工友的網站慢慢練，後來自己架站，用php搞了幾年，甚至把自己家裡的三台電腦當成主機，好了，我說的都是一些歷史，就是一個老先生在講當兵的事吧。

　　所以，我決定用weebly來架設我們的網站。

　　我請助理跟來這裡打工換宿的同學……是的，我用了一招打工換宿，讓暑假有時間的大學生來這裡住一個星期，他們可以來這裡免費住宿，可是每天要貢獻三小時給我，我請他們去幫我發現小鎮的美好，然後寫部落格，然後發文……

他們也真的很認真，發了很多文，然後他們走
了，小鎮又恢復原來的寂靜。

06.莫名其妙接了糖廠的設計案

我在花蓮的消息，經常會PO在我的FB上，FB眞是旅行的好朋友。

有一位之前上課的學長，忽然問我說，糖廠的案子有沒有興趣接？

就這樣，我接下了糖廠餐廳的設計案，是一個150坪的加強磚造建築，屋頂是木構造樑蓋瓦片，這個是在西部很少看到的設計案。

洽談之後，才知道原來糖廠的經理是學長的爸爸，他跟我討論因爲這個案子拖了很久，他們不想要在搞招標那一套，問我能不能用十萬塊以下的價格承接這個設計案，他們才可以跳過招標流程。

錢是少了點，不過看在木構架樑的份上，我還是接了這個案子，沒想到，這個案子對我產生了很大的影響。

公家機關的案子，最大的特色是結案才能請款，這個案子從簽約到完工，花了將近一年的時間，我的設計公司，因爲我都在教書跟弄東部的文創，早就處於停擺狀況，可是一個月的基本管銷就要一萬多塊，爲了這個案子的設計費，我的公司多撐了一年，設計費拿來塡還不夠，好笑吧，這是很多創業者很常犯的

錯誤，忽略了隱形成本。

　　另一個影響是讓我得了兩個設計獎，讓我有機會可以到廈門、福建、武夷山、北京晃了一圈。

　　我自己一個人在大陸各大城市流竄，去了長城、水立方、自己去坐高鐵、住青年旅社跟外國人唬爛，真實的認識大陸這個國家。

　　最後一個影響最深遠，這個案子讓我了解電腦當機的原因，讓我創立了魔力達文創工作室，讓我的事業推向一個前所未有的高峰。

　　不得不讚頌，上帝的安排真是奇妙，一個本來虧錢的設計案，竟然成就了另一件我一直很想做的事情，而且水到渠成，感謝主！

07.當機的原因……

在處理糖廠的設計案時，我使用的軟體是Sketch up，做設計的人都應該或多或少聽過這個軟體，我之前也在大學推廣教育部教這個軟體長達七年的時間，這個軟體的好處是簡單易學，而且畫好的3d模型可以直接轉成立面施工圖，這是很多室內設計師希望達成的目標，因為用Cad畫施工圖實在是太慢了，而且無法同步，遇到客戶改圖，真的是夢魘……

可是Sketch up有另一個致命傷——很容易當機，因為兩個相連軟體同步的關係，常常畫沒幾下就當機，當機是另一個更可怕的夢魘……

我在畫糖廠的圖時，也遇到了一樣的問題，我的筆電是四萬多塊買的，電競專用，號稱運算速度多少多少，品質堅若磐石……

可是一直脫離不了當機的命運，

糖廠150坪，更是脫離不了當機，畫模型的時候就經常一整個下午的心血就被當機毀了，一再的重複無效的工作流程，很令人抓狂。

在我把糖廠轉成立面施工圖的過程中，這樣的宿命一再出現，228連假的四天，我一直再跟施工圖奮戰，我停下來，往花蓮去，不是工作做完了，是花蓮

還有事情要處理⋯⋯

　　到了花蓮，我跟助理討論著要與鎭公所報告的事項，之前因爲想說有一些印刷品要設計，所以公司買了一台中階的蘋果電腦，就是現在助理打著excel的這一台⋯⋯

　　我忽然想到，我爲什麼不用蘋果電腦畫施工圖，於是我要助理跟我交換電腦。

　　於是我帶著這一台普通的蘋果電腦，回到我台中的工作室，開始畫施工圖，不誇張，我兩個小時把施工圖畫好了，途中完全沒有當機。

　　我才發現，我的人生，以前都被pc那台拼裝車耽誤了⋯⋯

08.帶你到鳥不生蛋的地方
——歡迎來到流奶與蜜之地……

糖廠設計案結束以後，文創公司的業務仍然是一籌莫展，我想到之前朋友在竹山弄文創，他會帶文創小旅行，我想，我也來帶文創小旅行吧！

小鎮跟糖廠開車只要十分鐘，就住糖廠的民宿吧，糖廠經過一條山路，就會看到太平洋，那裡有一個很棒的咖啡館，靠海，很有故事的地方，再來還有小龍蝦可以吃……

於是我策劃了一個小旅行，叫「帶你到鳥不生蛋的地方——歡迎到流奶與蜜之地」，第一梯次，40位朋友來了，說要來花蓮吃龍蝦，打進人心的需求，常是企業的獲利之道。

他們要來，所以要一條安全的路，那就坐火車吧……那時候普悠瑪還沒有出軌過，於是聯絡幫他們訂車票，台鐵說：車票訂光了，只能給你們35張，還少5張……

什麼？我們是兩個月前訂的欸，我看我們從中央山脈挖洞過來好了……

後來還是透過關係拿到了車票，不過已經讓我覺得精疲力竭了……

就這樣，我辦了第一次的文創小旅行，每一位遊客公司獲利800塊，所以這一團公司獲利32000，我提議助理應得到10%的獎金，帶團的人應得到40%的獎金，公司分50%……

　　林董說：「爲什麼帶團的要分到40%？」

　　我說：「那你來帶……」

　　他說：「那40%很好，我沒空……」

　　合夥就是這樣……我沒空……

　　這一次我抓住了人的需求，可是無法控制的變數實在太多了。

09.開始銷售演講

　　我當了14年的講師，演講對我來說是駕輕就熟的事情。

　　既然小旅行已經可以獲利，雖然真的不多，再來我透過銷售演講應該可以讓這樣的商業模式成型……

　　就是這麼簡單的想法，我開始請助理聯絡同濟會、扶輪社等民間社團，看是否有請人去演講的需求，就這樣演講了大概5、6場，反應都還不錯，可是就是無法成交。

　　因為商品有問題……

　　小旅行的需求並不大，再加上我們並非旅行社，事情最後也因為公司結束而不了了之了。

　　可是，我因為銷售演講，並且找到了正確的產品，在文創公司結束以後，成立了魔力達文創工作室，並且在第一年就得到了297萬的獲利。

　　學習銷售演講，並且把自己變成一台活動的自動販賣機，這是我在遙遠的花蓮小鎮學到的最有價值的事情。

　　還有，自己不熟悉的領域，千萬不要貿然下去投資，我這次損失的資金是100萬，幸好跌倒了我還爬得起來，要是1000萬，事情就很難說了……

10.開幕即閉幕

　　跟林董事長說了好幾次，要辦開幕，可是一直跟我說沒時間，我真的跟他發了一頓脾氣。

　　總算願意辦開幕了，辦了一個雞尾酒會，請鎮長來剪綵。

　　隔壁鄰居看有東西吃，拿了一個碗公不客氣的拿了一大碗回家……

　　這就是小鎮，居民單純、樸實又無華……

　　王顧問不知道哪裡請來一個千歲團跳山地舞，跳得大家都走光了……

　　總算開幕了。

　　我想這個公司應該會慢慢興旺起來吧……

　　然後，董事長的會計打電話告訴我，執行長，我們公司戶頭剩下五萬，大家要加油。

　　加油個屁，收了吧。

　　開幕完第二天，我跟其他兩位股東說：收了吧，大家都累了……

11.荒謬的結束了

於是這個公司就在鎮長給的美夢中開始，在千歲團的山地歌舞中結束，加上還沒付出去的帳款，每個人還要再拿13萬出來，開幕以後，我們就開始撤場了。

我把這一個大笑話，留在台灣東部⋯⋯

不過，我真的學到很多：

· 學到如何銷售演講。

· 學到如何規劃花東的行程。

· 學到如何帶團。

· 學到如何論述我的產品。

· 認識了整個花東縱谷跟海岸。

· 知道了解決電腦當機的方法。

學到要先有商業模式才可以開公司。

還有⋯⋯學到了不要隨便開公司⋯⋯還有學到了不要隨便跟別人合作。

還有，學到不要抱怨，因為你沒有時間抱怨。

因為我身上只剩下8000塊，離婚，有兩個小孩要養，還有貸款⋯⋯

第二篇
設定目標，
追求小成功

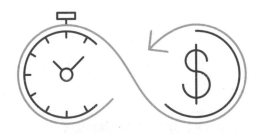

01.孩子，人傻不能復生

　　第一章算是序吧，覺得寫一本書沒有一個故事實在很無聊，所以我就用一個失敗的故事來開場，而且是我自己的故事。

　　收拾完了花蓮的事情回到台中，終於不用東西奔波了……

　　說實在的，有點卸下重擔的感覺……

　　我又回歸上課的生活，虧了錢，要繼續沉浸在那個情緒中嗎，說實在的還真難拔開……

　　孩子，人傻不能復生，往前走吧！

　　我的生活因為之前調整要去東部的關係，所以只有五六日有課，所以我開始想星期一到四要做什麼？我算是幸運的，一星期上三天班就可以維持我基本的生活開銷。

　　我會畫畫，我會教書，我會做室內設計……我還會什麼？

　　還有什麼能變成我賺錢的技能？

　　之前我也去上過一些商業課程，有教你用喉嚨把箭折斷的啦，講師聽說是一個美國有名的汽車銷售員；有一進課堂就叫你要跟同學抱來抱去的啦；有老師是穿著白色的長袍出來上課的啦（難不成是白衣神

教？）；也有老師教同學在教室亂走，讓他來斷言你的祖先有沒有殺過人的……

就是那個老師斷言我一定會在花蓮大富大貴，所以我才會下最後的決定去花蓮的。

後面想想真是荒謬，我是一個建築系的碩士，又是一個基督徒，竟然會相信那個神棍的話。

孩子，以後有那種課程要你一直喊：我一定會成功，就不要再繼續浪費錢了，你只是表現你被那位講師控制的無知罷了。

還有，不要去算命，算命是沒有保固的……

02.追求小成功

　　花蓮文創公司的失敗，我意識到我沒有建立一個成功模式就冒然投資下去了。

　　小成功很重要，小成功很重要，小成功很重要，很重要所以要說三次。

　　我開始思考什麼東西可以試試看，而且一開始不用花大把金錢的。

　　我一直有在畫油畫，我想四處辦畫展試試有沒有可能性，把我的油畫賣出去，我選擇找已經有店面的朋友，請他們把牆借給我……

　　我在一年內辦了十場畫展，賣了兩幅畫，不過差強人意……油畫畢竟沒有強烈的需求，收藏家只是看著他以後能不能漲價，我身強體壯，他們大概覺得離漲價還遠吧！

　　不過這件事現在還在做……

　　有的產品很難賣，不過你還是要持續播種……

　　室內設計的案子接得少了，因為客戶常常要找人，上課常常接電話很煩……

　　朋友找我幫他賣組合屋，可是單價太高，努力了一年還是沒結果，很多的失敗，可是沒花什麼錢……

　　我忽然想到我還有線上課程，以前都放在

Udemy⋯⋯

　　Udemy這個平台，上架沒有什麼限制，只是他們會亂賣，我標1200的課程，在沒有經過我的同意的情況下，特價300，真的很奇怪，反應了也沒用，一年只賣得大概台幣4000多塊⋯⋯

　　我玩了一下weebly，一個線上的架網站平台，發現他有會員系統，也可以將會員分類，設定要用帳號密碼才可以進入特定網頁。

　　我花了大概一個月的時間錄了一個sketch up的課程，之前有一位同業問我用我的方式畫圖一個案子大概要花多少時間，我說大概六個小時吧！

　　於是這個課程不叫「如何用sketch up畫出室內設計圖」，而是叫「如何在6小時完成你的室內設計專案」，跟朋友的咖啡廳租了一個小教室，想說來個十幾個人聊聊天就算了⋯⋯

　　沒想到第一天就報名了30幾個人，於是跟朋友改租最大的一個教室，那天來了大概60人⋯⋯

　　後來上台北，報名130人，害我只好租文化大學推廣部的國際會議廳，那天晚上成交了28張單子，課程售價6800，我在一個晚上成交了快20萬元，開車回家的路上，我一直聽到電子郵件的dingding聲⋯⋯

　　那個晚上，美極了，我開著車，一路帶著微笑回到台中⋯⋯

03.列出你的才能

　　回到台中之後，我開始檢視自己所擁有的。

　　我是一個做了30年室內設計的設計師，在大學教了18年書，這幾年畫了一百多幅油畫，我還會架網站，這一些能為我創造出什麼？

　　我用以前學的曼陀羅思考法試圖找到我還有什麼可以發掘的才能？

　　於是我畫了下面這個曼陀羅。

2019.2.5.達成

10場畫展	100幅油畫	報考 東海美術碩士
10個 設計案	**300萬**	1個 設計獎
Udemy 線上課程 30個	電子書 10本	Ig 100屋 賣出10個

設定目標

也請你找一張紙，畫出一個九宮格，這個思考法雖然看起來簡單，威力卻很強大。

中間寫上「我的資源」，旁邊寫上你擁有的八項資源，如果你有一個或兩個填不滿，放心，那很正常，如果你只能填一兩個，那代表你沒有真正的去經營你自己，如果連你一個都寫不出來，那代表你的才能支撐不了你的夢想，趕快去學東西吧……

如果你連畫都不想畫，覺得賺更多錢是一件無聊的事，那……把這本書扔了吧！睡覺比較實在。

04.設定目標

做事情沒有目標，你會像沒有舵的船一樣，隨波逐流，永遠也到不了你想要去的地方。

找一本漂亮的筆記簿，漂亮到你每天都會想起他，放在你每天都會看到他的地方，我去IKEA買了兩條釘在牆上的橫條，把我的筆記簿放在上面，因為我每天都要寫他，所以他的位置就在我書桌旁的牆上。

我最大的目標是年收入300萬，因為我現在的年收入是大概150萬，我覺得300萬有可能達成，目標要你自己的潛意識也相信才成，你自己都不相信的目標，就不用設了……比如說：年收入十億，我自己都不相信，不要跟我說會中樂透，哈！我自己都不相信……

第二個目標：我要辦十場畫展。

第三個目標：畫100幅油畫。

第四個目標：考上東海大學美術系。

第五個目標：得一個設計獎。

………………………

列出你的才能

05.打造你的商業模式

訂好了目標，你要開始思考達成目標的方法……

有些號稱教成功學的訓練機構，只會帶著你一直喊口號，什麼……因為我不能所以我一定要，因為我一定要所以我一定能……大家贏，我才贏……布拉不拉亂七八糟的，搞得好像要選總統……

根本沒有提出有效的方法，告訴你如何去達成目標……

我也上過不少這種課，上完還是空空的，方法呢？

後來我才理解到，原來那些講師也是花了錢去學別人的方法，然後把他抄襲回來變成課程，而且，他人生最大的成就就是這個課程，因為他也沒別的才能了。

教了一些似是而非的理論，有的人學了就傻傻的去開了營造廠，然後就被倒了兩千萬；有的人就集資去買了土地跟房子，然後都套牢了，只因為講師的一句口號：反正死不了……

夢想是要奠基在你的才華之上的，如果你的才華還支撐不了你的夢想，那趕快去增加你的才華吧，人云亦云的事業是很危險的！

目標設定了，你要開始往目標前進，你的作戰計畫是什麼？

　　於是我又畫了一個九宮格……

　　第一件事情：我決定辦十場畫展，雖然這件事情不會馬上變成有錢，可是一定要持續的做，因此，我聯絡了一位開家具店的朋友，問我能不能在他那裡開畫展，並辦一個茶會？

　　朋友說好，反正牆壁空著也是空著，我答應他要是不小心畫賣出去了，我就分他30%。

　　第二件事情：我一個朋友在賣一種圓形的組合屋，想找我幫忙銷售，我答應了。

　　第三件事：文化大學跟專員討論平常日白天開課的可能性，後來也都開成了，原本以為星期五白天應該沒人來上課，試了以後才知道，原來平常日沒事的人那麼多……

　　第四件事：每年接10個設計案應該不過分吧……

　　第五件事：發包三個工程案應該也不是難事……

　　於是……我開始努力的往我的目標前進……

06.架設網站是第一要務

　　產品再好，你都需要行銷才能把它賣出去。

　　所以，你需要有一個可以展示它的地方，你可以去夜市吆喝賣你的產品，也可以花費巨資裝修一個門市，不過，我想最簡單的方法是，架構一個網站。

　　我覺得，我們處在一個美好的年代——因為有網路。

　　兩千年前，中國的商人要經過千里沙漠，才能將絲綢賣到西域，所以有了絲路。

　　現在，你可以在亞馬遜的網站上買到可以說任何你想要的物品，甚至是房子，你不用再冒著被土匪打劫的危險去賣你的商品，你只要把它拍照、上架，然後想辦法跟你的顧客說，「嗨，我的產品很好，應該是你一直在尋找的東西……」

　　所以，如果你已經有了網站，趕快檢視一下你的網站有沒有發揮它應有的效益。

　　如果你還沒有網站，我強烈建議你趕快建造一個網站，而且，最好自己建造，要把主導權拿在自己手裡，不要放在幫你架設網站的公司手裡，不但所費不貲，而且你要改幾個字，他可能會要你等一個星期。

　　你要架設一個很容易操控的網站，weebly是一個

還不錯的選擇。

你要架設一個有點美感的網站，wix已經很夠用了。

你擁有一個規模不小的公司，需要專人處理你的網站，那請一個會架設網站的人，用wordpress打造你的網站，不過，我還是建議你，自己要學會，不然他離職了你就完了。

你說：可是我真的不會架設網站……

那簡單：我的魔力達商學院會教你，而且絕對比你找人架設網站要便宜。

07.學會演講

演講能力絕對是上帝賜給我的最好的禮物。

我小時候是一個有自閉症的小孩，不知道如何跟同儕相處，經常是被霸凌的對象。

小學三年級的時候，被老師叫上台演講，全身抖得像是發羊癲瘋一樣，全場都在笑，老師看不對勁，趕快叫我下台，從此，我就沒有再上過台了。

一直到念五專的時候，暑假去打工，在台中市公園路幫忙擺地攤賣衣服，一開始的時候不敢叫賣，就這樣安靜的撐了三天，第四天老闆受不了了，跟我說你再這樣惦惦明天你就不用來了，我在生活的壓力下開始努力叫賣，沒想到因此開啟了我的演講人生，我那兩個月賺了兩倍的我的學費。

五專四年級的時候參加了校刊社，當上了總編輯，也鍛鍊了我的領導能力。

所以，你的孩子如果要去參加學校的社團活動，別阻止他，這些能力可能會讓他這一輩子受用不盡。

36歲的時候我考上了室內設計的技術士，因此有機會到文化大學推廣教育部任教，教的是硬梆梆的法規跟工程實務，剛開始三個月，頭髮都是濕的，因為太緊張而冒冷汗，三個月後，頭髮不濕了，我開始享

受演講能力帶給我的財富。

　　後來在室內設計公會當上學術主委，辦理各種學術活動，我就是主持人，任何一場活動台下的每一個人都會認識我，迅速的打開我的人脈網路。

　　一直到現在，我的演講都是遊刃有餘，講法規我都有把握可以講得毫無冷場，上六小時的課我可以讓台下學員完全不會想睡覺。

　　想獲得這個能力嗎？

　　先去擺三個月的地攤我覺得是最好的方式。

　　什麼！你還是覺得你做不到……

　　那你把錢都給我，很窮的時候你就做到了。

　　我有一個朋友來找我聊天，跟我說：其實鶴耀你現在做的線上課程我很久以前就想要做了……

　　我說：你知道為什麼你現在還沒做嗎？……因為你不夠窮……

08.用新世界的思維來創造你的事業

　　你有沒有發現街道上的商家一間一間的倒了？

　　我住在台中市藝術街，我發現藝術街以前十步一家的藝品店都倒光了，爲什麼？

　　以前，你可能會去藝品店買一些你認爲非常酷的家飾品，他們都要價不菲，後來，你發現淘寶可以用1/10的價格買到，你變心了，雖然老闆跟你是好朋友，你還是會去淘寶買，老闆想不通。

　　房東又要漲房租……

　　所以老闆就把店收了……

　　這就是趨勢，很可怕，你不改變就等著被趨勢淹沒。

　　網路改變了我們的商業模式，甚至生活方式，你還用舊思維在經營你的事業嗎？

　　以前，你可能要去租一個地方當補習班，花三百萬裝潢，每月的水電跟房租費，加上員工的薪水，壓得你喘不過氣來，教育部給你來個一綱多本，完全打散你的招生佈局，你只好黯然收場。

　　你發現你的對手，只有一個人，北中南到處租教室，還不用補習班立案，只是多了高鐵的交通費而已，甚至還跑去大陸開班授課。

以前，你可能要開一家很大的餐廳，花很多錢裝潢，等客人來消費，客人還不一定買單。

　　現在，你可以在市郊弄一個中央廚房，裝潢費用的百分之一拿來做廣告，飢餓熊貓會幫你把餐點送到客人手上。

　　你還用舊思維在經營你的事業嗎？

09.做好金流物流

如果你常去大陸的話，你會發現，大陸人看到你拿現金出來會很驚訝，好像看到乾隆通寶一樣，然後就會問：您是台灣來的？

相較之下，台灣的金流真的差很多，請不要跟我說什麼獨裁政權之類的，支付寶跟微信真的是普及到連乞丐都用他來收錢。

在台灣，有一次我要去上拳擊課，穿運動服，結果忘了帶錢包，吃完晚餐要付錢才發現，問老闆娘：不好意思，我可不可以用街口支付或APPLE PAY付錢給你？老闆說：「我們小本經營，沒那種東西……」，害我還得把手錶押著，隔天特地拿錢過來把他贖回去。

很多人在網路上做生意，就是學不會把金流打開來，硬是要教消費者到銀行去匯款，這樣多少也削減掉很多的購物意願。

跟綠界或藍新聯絡一下，這是台灣規模比較大的兩家金流公司，一些手續費給他們賺，請他們幫你開通信用卡、超商繳費跟轉帳，這會使你的業績增加很多。

還有，如果你是屬於高單價的商品，記得開通分

期付款，業績也會再乘以兩倍。

　　至於物流，台灣最幸福的就是有超商，而且台灣很小，請金流公司順便幫你開通吧。

　　如果你是用weebly或wix架站，你會發現他們並不支援綠界或藍新，而是用全世界最大的一家金流公司——paypal，可笑的是，台灣因為一條法律，在台灣，台灣人不可以用paypal付款給台灣人，好笑吧，原因為何，各位google一下就知道。

　　所以，如果你的產品不多，用手動串接即可，像我的線上課程就是用這個方式在販賣，如果你的產品很多的話，試試shopline、一頁購物……等購物商城，他們都幫你設定好了，只要每月繳交一些費用，就可以處理好了。

　　如果你是用wordpress架站，那簡單，他有外掛可以串接綠界跟藍新，只不過你要把他架起來不簡單，還有，如果萬一不幸被駭客攻擊（不要懷疑，只要你開始有客戶資料跟流量，駭客就會盯上你），你的網站可能會整個掛點，這也是我一直不想用wordpress架站的原因，我自認沒有處理駭客攻擊的能力。

　　還有，去申請個公司吧，誠實納稅，不然中華民國最厲害的特務也會盯上你……

　　他的名字叫國稅局。

10.最重要的：你的雞排好吃嗎？

　　我在從事室內設計的時候，偶而幾個一樣從事室內設計的朋友聚在一起，免不了有人會發牢騷：「室內設計真難做，又被客戶刁難了，不如去賣雞排好了⋯⋯」

　　講久了，雞排好像變成室內設計業的救贖了。

　　有一次，又有一位朋友又在發牢騷，我忽然回了他一句：「那⋯⋯你的雞排好吃嗎？」

　　忽然，大家都笑了。

　　是的，你的雞排好吃嗎？你以為整個逢甲夜市只有你一個人賣雞排嗎？

　　在一個行業裡面，要賺得到錢，包含了很多因素，可是最重要的還是：「你的專業有辦法打敗你的對手嗎？」

　　你至少是在一個行業裡面前面50%的人，在遇到商業競爭的時候你才有辦法勝出，要是你的才華撐不起你的夢想的時候怎麼辦，快去學吧，讓自己變成前段班的那些人，不要再怪罪雞排了，雞排也只有在選總統的時候才有人吃⋯⋯

　　我的女兒今年要考學測上大學了，我問她想唸什麼科系？她說她對外文有興趣。我鼓勵她盡力去考，

爸拔再加碼，大學這四年裡你努力去考多益，考到900分，我就給妳十萬塊獎學金。

　　興趣是一顆種子，我幫她撒了肥料，希望能成為她生命中的倚天劍屠龍刀，她應該不會拿它來切雞排吧。

　　她說要去賣雞排我也高興，不過妳也要變成雞排之霸吧！

11.做好客戶服務

老客戶的累積，是企業成長的最重要基石，你可能沒有辦法讓每一位客戶都滿意，但是你至少要讓80%的客戶滿意。

並且，你要拿到這些滿意客戶對你的正面評價，作為你發展新客戶的重要武器。

不滿意的客戶呢？你要誠心地為他們解決問題，並且找出他們不滿意的原因，真的找不到就不要再留戀了，把她交的費用退給她。

我曾經在一次台北的研討會中，研討會已經快要結束了，忽然看到一位女士，站起來往出口走去，向我的助理說：「退我場地費，不然我就要到台上去鬧……」

我請助理雙手把場地費200元退給她，並且向她深深的一鞠躬。

畢竟，你沒有辦法取悅所有的人。

幸好，這樣的人也不多，我到現在也只遇過一位。

如果你的商品連跟你購買的80%都取悅不了，那你就要小心了，你的「雞排」可能真的有問題，快去找師父拜師學藝做「雞排」。

我曾經也有一陣子愛國心噴發用了H牌的手機，結果……唉，那「雞排」真是難吃……

　　知道我在說什麼就好，我只能說到這裡，不過，如果我說老王的雞排真是難吃，老王非但不去改良她的雞排，反而要告我，我也認了。

　　萬一不幸，她還告贏了，那我只能祈禱恐龍法官早日變成恐龍了……

　　對你滿意的客戶呢？以下提供幾個做客戶服務的方法：

1. 暢通的聯絡管道：你可能沒有辦法隨時接聽客戶的電話，不過你要讓客戶知道如何才可以找到你，並且至少在一天內回答客戶的問題，例如我的網站都會有一個尋找小鶴老師的連結。

2. 不定時提供產品新知：如果你是賣茶的，可以提供如何把茶泡好的方法，或是舉辦茶藝的研討會；如果你是開餐廳的，三不五時發一些優待券也是必須的；如果你是室內設計師，告訴你的客戶最近的建材新知或是家具的保養方法……方法很多，數位時代，可以讓你事倍功半的做完成這些事情。

3. 要求滿意客戶對你做出正向的評價：你可以給他們一些折扣或贈品，請他們幫你在你的網站上留下至少100字的貼文，或是轉貼商品到他們

的FB上面。

4.要求轉介紹，兩個就好：你會驚訝複利所產生的巨大效果，2的十次方你應該聽過吧。

第三篇
打造你的影響力跟
改變自己

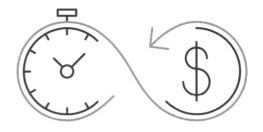

01.這個世界上的影響力大師 所完成的事情

　　國父孫中山聽過吧？我唸小學的時候，聽到這幾個字還要立正站好，他結束了五千年的帝國體制，可是傳說武昌起義的時候他人正在日本，推翻滿清其實他的作用不大，可是他卻可以影響那麼多的人拋頭顱灑熱血，把自己的命丟了只為了跟隨他的理想，我去福州看林覺民故居，天啊，這個小孩才23歲，竟然就拋妻棄子的去當叛軍了……孫文這個人可以說是我最佩服的影響力的代表。

　　台灣有一位小尼姑，在花蓮創立了一個佛教機構，最初帶著六位弟子生產嬰兒鞋，現在變成了全台灣最大的佛教團體之一。

　　另外一位穿紫色衣服的，信眾動不動就感恩seafood、讚嘆seafood……

　　還有你現在最常打開的網站——臉書，改變了這個世界的社交習慣。

…………

　　這些人在這個世界上，或許褒貶不一，可是不可否認的，他們在影響力這一塊，他們都是大師。

　　他們可以成為影響力大師有幾個特點：

1.有一個非常正大光明的理想。

2.他們的理想是以「利他」為出發點，說俗氣一點就是──消費者需求。

3.在他們的追隨者眼中，他們的人格是清高的。

4.還有，他們都會演講。

在很多事情上面，影響力都是非常重要的，影響力越大，你的成就就越大。

不信？你試著影響你老婆每個月多給你5000塊零用錢試試……

02.什麼是NLP？

有時候，你會在夜市看到一個很會賣東西的人，三兩下就把他攤位上的東西賣出去了；或者是，你看到一個電視購物的廣告，你就手滑買了一個以後不太會用得到的東西……

你會說：「那個人真會賣東西，或者是：那個廣告真厲害。」

我以前剛出社會的時候也當過業務，只不過，我的主管只會跟我說，你要加油，可是，我發現我越加油我的客戶越害怕，因為他知道我是要來把一整套錦繡中華賣給他的。

當然，那個工作，我做了兩個星期就走了，從此以後，我就很害怕做業務……

聽說，我的主管做沒多久也走了，因為他大概也只會跟自己說：「你要加油」。

一直到我自己出來創業以後，我才知道，不會業務跟銷售，出來創業真的只有死路一條。

事情真的不是只有「你要加油」就可以解決的，甚至會更糟。

後來我花了很多時間研究NLP，才慢慢搞清楚人類心理的一些機制，也才慢慢弄懂什麼是銷售。

這麼說好了，你如果感冒了，不想去看醫生，去西藥房買藥，你會想買哪一種成藥？──斯斯嗎？爲什麼？因爲羅時豐一直微笑地唱歌給你聽：「感冒用斯斯，咳嗽用斯斯⋯⋯」

如果「如花」在電視上賣SK吐你會買嗎？

爲什麼人們都相信長得漂亮的女生賣東西給你你比較容易掏出錢來？

沒錯，這就是NLP，神經程式語言學，這一個心理學的研究發現，透過一種設計過的情境或語言模式，別人會比較容易相信你說的話。

包括上一篇影響力所說的大師，我相信也都不自覺地使用了很多NLP的技巧。

NLP發源地位於美國加州大學聖塔克魯茲分校。NLP有兩位創始人，其中一位叫做理察·班德勒求學時主修電腦學系，但他卻醉心研究人類行爲，遍讀心理學叢書，常常向傳統心理學派提出種種挑戰，爾後他拿下心理學碩士與哲學碩士學位。另外一位則是任教於加州大學的語言學家，曾有協助美國中央情報局（CIA）經驗的約翰·葛瑞德。兩位皆不滿傳統心理學派的治療過程，因其時間太長且效果不能持久。在一次的因緣際會下，他們一起研究並模仿當時四位在人類溝通以及心理治療方面有卓越成就的大師在治療過程運用的語言模式、心理策略等。加上獨創的理念而

整理出NLP的理論架構，經過多年反覆的臨床實驗，認為NLP在運用於人類行為改變方面具有非常顯著的效果。

上面這一段是從維基百科抄來的，關於NLP，各位可以繼續Google下去。

我從NLP學到了很多改變自己跟影響別人的方法，讓我在開拓事業的路上開始順遂了起來，包括這本書的問世，也是我讓我自己相信，我這本書的出現應該能夠小小的對這個世界有一些改變。

或許你會反駁說：「我幹嘛改變自己？」……那很好，相信你現在一定過著幸福快樂的日子，吃得飽睡得好，錢也夠用。

又或許你會認為：「我幹嘛影響別人？」……那你的家庭應該小孩都很聽話，丈夫也很懂事，公司業績也蒸蒸日上。

那你的人生是圓滿的，應該不用再去學一些奇怪的心理學了。

我只好跟你說：「嗯……你要加油！」

03.12個基本假設

NLP神經語言程式學有12個最基本的「假設前提」又作「基本假設」（NLP Presuppositions）：

1. 每個人都不一樣（沒有兩個人是一樣的）：每個人的思想、年齡、生長環境都不一樣，思想當然也不一樣。

2. 一個人不能控制另一個人（尊重別人的世界觀）：不要再想要控制你的小孩去念你要他念的科系了，如果你的上一代也是這樣控制你，快點在你的這一代斷掉吧。

3. 有效用比有道理更實際（即使說的話理據十分充足，但對方不相信或根本不能實行，還是沒有用）：爭議就會失去交易。

4. 只有由感官所構成的世界，並沒有絕對的真實世界（瞎子摸象）：地圖不等於疆域，你看到的世界並不能代表真實的世界。

5. 對方的反應是溝通的目的和結果（溝通的意義決定於對方的回應）：要讓別人聽你的話買你的東西是有方法的。

6. 重複舊的做法，只會得到舊的結果：你的人生是不是一直在舊的做法裡面呢？

7. 凡事最少要有三種解決方法（只有一種：沒有選擇，只有兩種：等同抉擇，要有三種：才是選擇）：事情都會有其他的解決方法的，再想想。

8. 每一個人都會選擇對自己最有利的行為（人人也是在各種限制下作出最佳的決定與行為）：這是人類的求生本能所演化出來的，不要在糾結於那一個人她爲什麼不愛你了，她只是對她的生存做出最有利的決定，她只是決定了另外一個更有利的而已。

9. 每一個人都具有使自己快樂成功的資源、條件：最重要的是，你自己相不相信你是那個最棒的，或是你有沒有機會成爲那個最棒的。

10. 任何一個系統裡，最靈活的部份是影響大局的最大因素（越靈活的人越有影響力）：最重要的是，你是如何去解決問題。

11. 凡事沒有失敗，只有回應信息：你跟女生告白，她不答應，那不叫失敗，那只是她回應了不跟你在一起而已；你東西賣不出去，那不叫失敗，那叫客戶回應了你的銷售行爲。

12.動機和情緒都沒有錯，只是行為沒有效果而
　　已：所有的動機都有他的背後意義，找到能達
　　成效果的方法才有用。
　　很難懂嗎？沒關係，後面的章節我們慢慢來探
討。

04.要影響別人先學會影響自己

　　NLP裡面有一個最重要的前提其實是這個——先改變自己，才有辦法影響別人。

　　你笑，這個世界就會跟著你笑。

　　你抱怨，你的朋友一定會跑光光。

　　你的心靈富足，你的身邊就會有一些心靈富足的朋友。

　　我有一個朋友常來問我生意要怎麼做，我把我這幾年的經驗跟他聊了五分鐘，他忽然話鋒一轉，跟我說，他的老師很厲害，叫我一定要去上他的老師的課……

　　我相信他的老師一定是NLP的高手，我這位朋友每次跟我講話沒事就是老師長老師短的，好像他這位老師就是活佛轉世，我一定要去上他的課，不然人生就會有遺憾。

　　只是，他沒有把我的朋友教好，我的朋友交了很多錢去上這位激勵大師的課，卻還是過得不是很好。

　　我跟我的朋友說：「等你比我強的時候再來跟我談老師的課程吧，那時候你才有辦法影響我。」

　　影響力最重要的原則就是：「你自己都做不到，你怎麼影響別人？」還有，先學會笑吧……

05.每個人都不一樣

　　就因為每個人都不一樣，所以你要尊重每個人都有他的世界。

　　我在幫學員上課的時候，常常有媽媽或爸爸，我問他十年後的夢想是什麼？

　　他跟我說：「我希望我的兒子⋯⋯」

　　這時候我就會喊停，跟他說，這位媽媽，夢想是你自己的，兒子有他自己的夢想，每個人都不一樣，你要尊重他的夢想。

　　然後他就會開始：「可是⋯⋯」

　　嘗試要說服我他是為了他的兒子好。

　　他可能一輩子都掉在這個想要別人跟他一樣的迴圈裡面而不自知。

　　然後我問他：「除了你兒子，你自己的夢想是什麼？」

　　他跟我說：「我不知道耶」

　　你自己都沒有夢想，那你怎麼去影響你兒子？

　　這一關很難，而且年紀越大越難。

06.一個人不能控制另一個人

有一位父親，從他兒子念國中的時候就一直跟他兒子說：「你要趕快來繼承我的工作。」

這位父親是開工廠的，他嘗試影響他兒子的方法是：「我每天做得這麼辛苦，你花我那麼多錢去念書有個屁用，還不趕快來幫我工作！」

這好像是很多父親會做的事情……

那個兒子當然沒有去接那個工廠，父子倆也因為這樣衝突了好多年。

有一天，他又用這些話在念他兒子的時候，旁邊有一位親戚突然插嘴：「你一直說你做得那麼辛苦，鬼才敢回來接你的工廠……」

後來這位父親就沒敢再念他兒子了。

聽懂了嗎？

人性的本質就是追求快樂遠離痛苦。

如果這位爸爸的說法換成：「你回來做，半年後我保證你年薪百萬。」

那這位兒子還不半夜跑回來？

爸爸說：「我自己都還沒有年薪百萬勒！」

那你叫你兒子回來做什麼！

07.有效用比有道理更實際

有一種人，很喜歡跟人講道理，遇到有人跟他的想法不同，他就會千方百計引經據典的教訓對方，然後讓對方知難而退，他就因此沾沾自喜。

台灣人尤其是在談論政治的時候，特別嚴重。

可以想見的，這種人他的人緣應該不會太好，他如果是做業務的，業績應該也不會太好。

想想看，你拚了命跟別人爭論的目的是什麼？如果是爲了達成某種商業目的，那我會奉勸你停止爭論。

因爲：贏得爭議就會失去交易。

如果你只是爲了要贏……那……我先走了。

我在一次台北的研討會中來了一位木工師傅，那一次我是在解析室內設計師如何用系統櫃獲取更多的工程利潤，這位木工師傅會後來找我，硬是跟我辯了五分鐘，他覺得木工的東西還是比較好……我後來請他停止這個話題，因爲後面還有人等著跟我討論。

很顯然的，我跟他辯論成功，他還是不會用系統櫃，所以我選擇放棄他，因爲每個人都不一樣，我沒有需要在他身上浪費時間。

一個人老是不快樂，便去問禪師：

「什麼是快樂的秘訣呀？」

「不要和愚者爭論。」

「你說錯了！我認為不爭論不能使人快樂！」

「是的，你說得對。」

下次遇到很愛辯的人，你就跟他說：「是的，你說得對。」

如果你自己就是這種好辯之人，趕快戒掉這種好辯的毛病。

如果你說：「老師，可是我不覺得停止辯論就會獲得交易……」

「是的，你說得對。」

08.只有由感官所構成的世界
　　並沒有絕對的真實世界

　　其實，我們每個人都在瞎子摸象。

　　因為每個人的生活經驗不同，自然所看到的景象也會不同。

　　所以，重要的是，你要能夠盡量全觀的去了解這個世界，你就能夠了解人性。

　　了解人性，你就能夠影響人性。

　　當全世界的電腦公司都在專注於降低成本的時候，賈伯斯發現了另一個需求，有一部分人要的不是便宜的電腦，而是穩定的電腦。

　　也就是說，很多人都去摸象的尾巴的時候，賈伯斯選擇了去摸象的鼻子，甚至還把大象拉走了。

　　發現了一部分人的感官的世界，就會讓你發大財了。

　　至於要發明一種全世界都會買單的物品，那是不可能的，不信，你去選一次總統試試看。

09.對方的反應是溝通的目的和結果

你想要對方如何回應你，其實來自於你溝通的方法。

說直白一點就是，你要對方答應你的要求，其實是有方法的。

有一次，一位業主問我，這一次設計費的支票票期可以開多久？

如果我按照一般的說法：「麻煩您開近一點……」

我可能會拿到一張兩個月票期的支票。

我跟他說：「我看你開兩年好了，反正我最近也不缺錢……」

業主一生氣，轉頭進去拿了18萬現金給我……

這是在NLP裡面很絕的一招，不過，你必須真的不缺錢，不然話你說不出口。

你問：「要是他真的開兩年的支票怎麼辦？」

嗯，那你真的很缺錢，記住，要影響別人要先改變自己。

10.重複舊的做法，只會得到舊的結果

　　我有一個朋友，每天做著一樣的工作，一樣的開車上班，每個月領一樣的薪水，每天抱怨他的老婆、老闆、小孩……

　　我問他：「這個工作不太適合你吧，我看你一直抱怨，爲什麼不換個工作？」

　　除了這個，其他我也不會……

　　那……找時間去學其他的技能啊……

　　我沒時間……而且我那麼老了……

　　那你抱怨有用嗎？

　　每一個小小的改變，在未來都會可能產生很大的結果，蝴蝶效應聽過吧？

　　開始去社區大學學一個你一向很想學的技能，練習自助旅行到國外去看一看，嘗試用另外一種交通工具去上班……

　　相信我，任何一個小小的改變都會在未來產生你意想不到的結果。

　　你叫我自助旅行，可是我不會英文……

　　那……快點去學英文阿……

　　可是英文好難……

　　我拳頭都硬了……

11.凡事最少要有三種解決方法

　　我常常在上室內設計課的時候，會問同學，你的室內設計案的來源會從哪裡來？

　　同學跟我說：「親友介紹……」

　　然後世界就變安靜了……

　　我再問一句：「除了親友介紹呢，就沒有其他方法了？」

　　………………

　　這時候有一位同學舉手了：「老師，我光靠親友介紹案子就接不完了……」

　　我只好說：「嗯，恭喜你，你的親友人真好」

　　你會發現，很多人碰到問題只會卡在一個答案裡面，沒有其他想法了。

　　不知道是不是教育的關係，在這一點上，台灣人非常嚴重，常常有人問我：「老師，這一題的標準答案是什麼？」

　　我們漸漸失去獨立思考的能力……

　　以前的英文老師跟我們說：「講英文一定要照文法……不然外國人會聽不懂你在說什麼。」

　　等到我真的跟外國人講話的時候，我才發現，我真的用標準文法說話，外國人才聽不懂。

他們會說：「What's up？Birdy？」

有一次一位英文老師剛好帶他的學生到我家來找我，很湊巧的，我的外國朋友跟我說他在我家附近，等一下要過來。

這時候這位英文老師竟然對他的學生說：等一下不要亂講話，不要丟我的臉……

所以，很多人碰到問題的時候只有一個答案。

在碰到問題的時候，靈活的人會比較有機會解決問題，你的想像力的侷限，限制了你的生命。

這就是我們常說的——限制性框架。

下課後，剛剛跟我抬槓的那位同學跑來找我：「老師，那到底還有什麼方法？」

你為什麼不自己想一想呢？……對了，你有網站嗎？

他搖搖頭……

12. 每一個人都會選擇
　　對自己最有利的行為

　　這是人類的求生本能所演化出來的原罪。

　　客戶不買你的東西，他只是選擇了對他比較有利的選擇，他覺得你提供的服務沒有超過你要他付出金錢的價值。

　　一個漂亮女生拒絕你的告白，只是她覺得她還有更好的選擇，或者說：「告白這件事根本就是錯的，誰叫你用告白去逼他做選擇。」

　　你要做的，是讓她相信，選擇你是最好的選擇。

13.每一個人都具有
使自己快樂成功的資源、條件

　　不要在糾結於那一個人她為什麼不愛你了，她只是對她的生存做出最有利的決定，她只是決定了另外一個更有利的而已。

　　最重要的是，你自己相不相信你是那個最棒的，或是你有沒有機會成為那個最棒的。

　　尋找你自己的天賦、才華，並且努力把它發揚光大，尋找可以讓妳快樂的事物，並且建立無法摧毀的自信，你的客戶跟你的對象，都會因為這個自信被你吸引而來。

　　你的生活精不精彩？

　　還是你每天只會埋怨？

　　不然就是努力當一個酸民？

　　如果你只會酸別人，你的人生不會甜。

　　如果你覺得學會某一項技能應該很酷，那就趕快去學吧。

　　如果你一直很想去青康藏高原，那就趕快買了機票去吧，別再煩惱高山症了，要證明你有沒有高山症的最好方法，就是去山上走一趟。

　　活出精采的人生，你會發現財富、快樂都會向你

靠攏。

　　因爲你已經變成別人眼中比較有利的生存領袖，他們會覺得，跟著你，或是使用你提供的服務，會對他們的生存比較有利。

14.任何一個系統裡
最靈活的部分是影響大局的最大因素

問題一直都在，看你如何去解決問題而已。

2008年，我的工作碰到了極大的困難，我開的室內設計公司，已經三個月沒有工作了，最後一位設計助理，我在不得已的情形下，也把他遣散了。

我甚至打算要去別人公司上班了，更糟糕的事，連去別人公司上班都不可能，因為大家都沒工作。

金融海嘯席捲全球。

我開始向各個大學推廣部投履歷，毛遂自薦要去當室內設計類的講師，也因此我的人生有了大幅度的轉彎，我變成了一個室內設計專業的講師，更改變了我的職涯方向。

如果那時候，我還是堅持一定要做室內設計的話，下場可能會很慘。

遇到困境的時候，思考一下轉彎的可能性，你的人生會很不一樣。

我在寫這本書的時候，武漢肺炎正肆虐，您看到這本書的時候，世界會變成如何也不知道，我們沒有辦法改變這個世界，可是我們可以在世界的洪流裡找到生命的縫隙，也有可能讓你的生活更不一樣。

15.凡事沒有失敗，只有回應信息

很多人問我說，為什麼我現在講課可以這麼生動。

我常說：因為我的失敗經驗夠多。

只要你還活著，就沒有失敗這件事。

我以前是一個有自閉症的小孩，跟別人說話是不敢看別人眼睛的，一直到唸五專的時候，沒錢繳學費，晚上跑去台中公園路打工賣衣服，隔壁攤叫賣得很用力，我卻一個屁也放不出來，老闆在第三天終於受不了了，跟我說：你再不開始叫賣明天就不用來了。

於是，兩個月後我成了叫賣高手，一直到現在，成了一位不要臉的老師。

在成功這件事情上，面子是最不重要的。

失敗了，聽聽這件事情要你做的是什麼，修正方向，朝你的小成功前進。

16.要賣東西，要先有影響力

影響力決定你的財富的多寡。

如果你能夠影響一個人跟著你，你可以獲得一段美好的愛情；如果你能夠影響100個人買你的東西，你就會是一個成功的雜貨店老闆；如果你能夠影響10,000個人看你的視頻，你就是一個成功的網紅；如果你能夠影響一億個人，你就會變成一個億萬富翁。

影響力很可怕，也很重要。

你是一個有影響力的人嗎？

還是你講話都沒有人理你？

今天開始鍛鍊你的影響力吧。

17.快速拓展人脈的方法

常常有同學問我如何拓展人脈？

有的人會去應酬喝酒，我會覺得那是最無效的社交方法。

而且接到了生意，身體可能也壞了。

要拓展人脈，參加一些社團本也無可厚非，不過裡面還是一樣吃吃喝喝，我建議獅子會扶輪社那些單純社交的社團要看自己的能力參加，同業公會倒是可以多多參與，第一會費都不貴，再來，也沒有像其他社團一樣，幾乎每週都有應酬，進入公會以後記得，努力爭取成為理監事，你才有曝光的機會，我早年一開始加入室內設計公會，變成理監事，後來接任學術主委，承辦公會的演講，並擔任主持人，我的人脈就在那時候一路飆漲，因為麥克風在我手上，台下的每一個人都會認識我。

第二招是去上課，市面上有很多課程，除了可以學習新知識，還可以認識新朋友，而且有機會一定要當班代，這樣認識人是最快的。

再來，把你以前的人脈整理起來，開始排定拜訪的時間，拜訪舊的朋友，也會產生新的朋友。

18.不要再斤斤計較了

有一種人，去餐廳吃飯，服務生把餐盤掉了，就會說要告死服務生。

另一種人，老是在跟別人比較，比較薪水的多少，比較開的車誰比較好……

又一種人，老是陷在以前的失敗中走不出來，老是說：「要是當初沒怎麼樣，現在就不會怎麼樣……」

我稱這種人叫做「負面魔王」，他一天到晚都在抱怨，全世界都與他為敵。

他賣的雞排再好吃我想應該也沒有人會跟他買……不知道雞排是什麼？回去翻一下前面的章節。

停止你的計較，用笑臉回應你的人生吧。

第四篇
行銷天龍三部
FB／Google／Line

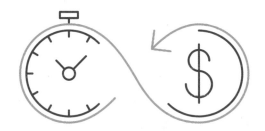

01.在台灣有FB，真好

大概在10年前，台灣出現了FB……

寂寞眞是一個好生意，現在大概很少有人還沒進入這個寂寞的大染缸。

FB的大數據，可以分析你這個人的行爲，把你喜歡看的資訊送到你的動態牆上，你只要點了一次看起來很酷的包包，以後妳的動態就會常常出現包包……

或許有人對這個很反感，不過，不可否認的，這就是這個世界現在運作的方式。

如果你是一位想在網路上賣東西的人，FB可以把你的產品送到可能會買你東西的人的頁面上，並且引導它完成購買。

台灣很小，各類的物流大概都可以在1-3天將貨品送到你的消費者手上。

像我的線上課程，大概花1000元的廣告費，可以得到10000元的訂單。

快學習FB的廣告技法吧，如果你還只會「加強推廣」，那你離FB的廣告還很遠喔。

02.FB建立廣告後跳出來的小方框的秘密

打開廣告管理員，第一個看到的畫面，這是做什麼用的？

它很有用，只要你學會怎麼用它。

1. 知名度：基本上是大公司在用的，有點像電視廣告，拿著銀子大把的撒，比如說可口可樂，年度行銷預算都是上千萬起跳的，目的單純只是為了讓很多人知道。

2. 流量：把人帶出去到你的網站。

3. 互動：吸引看廣告的人留言按讚分享。

4. 潛在顧客：引導客戶填寫詢問表單。

5. 應用程式推廣活動：遊戲公司常用，吸引客戶安裝他們的軟體。

6. 銷售業績：引導客戶完成購買。

使用上要看狀況，每一個都有不一樣的用途，基本上是一個漏斗，越下邊越小，廣告費也越貴，最後達成成交的目的。

03.想要找東西你會想到誰？

你今天想要找一本書，找一個軟體，找一個零食……以前我們可能會去問朋友，可是現在，你應該會直接上網去問一個神——谷哥大神，他幾乎是無所不知的。

同樣的，它代表的也是精準行銷，會把想要找你的客戶直接帶到你的網站。

不信的話，你打「室內設計教學」，應該會看到一個熟面孔。

我曾經有來自上海、香港、馬來西亞的同學購買我的線上課程，我後來問他們從哪裡看到我的……

都是說：「Google」

學習把你的Google廣告效益拉到90%以上，你會發現，客戶像雨後春筍一樣冒出來。

不會嗎？

上我的線上課程吧，我會一步一步的帶你學會Google的設定。

04.一定要學會銷售

以前我們說的銷售，是要挨家挨戶的拜訪，有很多老派的講師會說他以前如何銷售，在客戶要關門的時候還要不小心讓你的腳被他的門夾到，逼得客戶只好讓你進去……

我當初在台下聽他講課，想說：這叫逼客戶買單吧，你應該常常被揍吧……

幾年前去聽了一個據說是富爸爸集團的首席講師，其實就是一個汽車銷售員，教學員克服自己的心魔，用喉嚨把一支箭折斷，結論是要把東西賣出去你要有決心……

難怪有那麼多辛苦的業務員，因為他們用了這些方法，一輩子都在抵抗自己的心魔。

東西要賣得出去，你要體會到並不是每個人都會一定要買你的東西，即使它再好再便宜。

再來，銷售的量永遠都是關鍵，大量的銷售最快的方法就是行銷演講跟網路行銷。

還有，不要把梳子賣給和尚，錯的市場你再努力也沒用。

所以，銷售要學的就是：行銷演講跟網路行銷。

05.賣東西還是要面對面？

以前我們會強調見面三分情，要賣東西給別人還是要跟他見上一面……

那……你跟賈伯斯見過面嗎？你還不是買了他發明的手機……

爛的東西賣不出去很正常，好的東西怎麼都會賣。

我年輕的時候，開了一家設計公司，怎麼樣都等不到客戶來，後來才知道，我3D畫得不好，手繪畫的不好，工程經驗也很淺薄……會有客人才奇怪。

現在我把這些都補足了，不廣告還是有人來找我。

尤其是這幾年的疫情，徹底改變了人跟人之間的交流方式。

我三年前剛開始賣線上課程的時候，會先租一個地方開研討會，台北、台中、高雄這樣子，一場研討會大概就一天的時間不見了，一個月大概30萬營業額。

疫情嚴重後，研討會不能開了，我也覺得這樣來回奔波實在浪費時間，我開始把研討會的內容錄成影片，每次大概10分鐘，上架到FB去打廣告，沒想到第

一個月營業額就破百了。

　　現在，很多我從來沒有見過面的同學，會在我睡覺的時候下訂單……

　　還需要面對面嗎？

　　面對面，首先，你會有交通的問題，你或你的客戶需要移動到一個點；再來，會有時間的問題，你們都必須要喬出一個你們可以的時間，這兩個阻力，可能都會把成交的機率削弱了一大半。

　　當然，面對面還是有它的必要性，在一定需要的時候，這時候銷售演講就要派上用場了，要有辦法在一次的時間裡面，把東西賣給100個人，然後成交20個人。

第五篇
拓展人脈的基本功

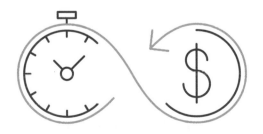

01.把你的FB好友增加到5000人

我記得我是10年前加入FB的。

那時候大家都在種菜跟拔菜，不知道這個網站有什麼厲害的功能。

現在，如果有人跟你說他沒有FB帳號，你應該會覺得他是外星人（我就碰過一個，他強烈懷疑FB會竊取他的個資拿去賣……）。

很多學生說他很想做網路行銷，我會先問他：你的FB朋友有幾個……

嗯……大概300多……

那你應該人緣不太好……

他說：「我覺得人應該要低調一點……」

那你怎麼做行銷，你又要低調，又希望把東西賣出去，這不是很矛盾嗎？

我們台灣有一個億萬富翁都高調到在FB說他要選總統了，你跟人家低調什麼……

不要在意別人怎麼看你……因為根本沒人在看你……

02.參加幾個專業的社團

我30歲那一年接到一個在沙鹿的婚紗攝影公司的室內設計案，設計費10萬元。

老闆還欠我尾款兩萬五，案子就要結案了。

有一天早上，我跟著工人爬到四樓高的招牌上去看施工細節……老闆在樓下喊：設計師阿……要不要加入我們獅子會？

我問：「那是什麼？」

他說：「獅子會阿，好不好啦，一句話……」

我只好說：「好啦……」

事後回想起來，那個老闆真是談判的高手，就這樣兩萬五的尾款被他拿去幫我繳了會費，結案！！

也不能說沒有收穫，我在那個叫做「鹿群」的獅子會中，認識了很多外國朋友，因為在沙鹿這個鄉下地方，會英文變成是一件很不得了的事，剛好這個獅子會下一屆的會長是一個德國人──羅蘭桑姆，我就不小心變成了他的翻譯，也因此認識了一群外國人。

不過每個月兩三次的吃吃喝喝實在吃不消，再加上常常有一些想要借錢的人加入，這個獅子會就在一些爭吵跟金錢糾紛中解散了。

再者，會費動輒3.4萬，實在是吃不消……

後來我因爲要參加一個彰化基督教醫院的標案，因爲資格問題，才加入室內設計公會，後來雖然沒有拿到標案，卻因此在設計公會得到了很多。

這實在是一個美麗的錯誤⋯⋯

而且會費才6000元⋯⋯這是重點。

我加入設計公會以後，進入了理監事會，開始體會到「曝光就是魔法」的眞理。

接了學術主委，開始籌辦大型的演講活動，知名度也漸漸打開，事業上有問題，也有同業可以互相討論。

我從一個毫無名氣的設計師，莫名其妙開始有人叫我「大師」，應該是大叔吧，或許我聽錯了。

包括後來當上另一個學會的理事長，機緣都是從這一次美麗的錯誤來的。

這幾年的朋友，都還是會互相幫忙，互通有無，至少，設計的餐廳開幕了，找大家去吃喝一頓是免不了的。

加入你那個行業的專業社團，加入理監事會，相信我，爲別人服務，你會得到更多。

至於獅子會同濟會扶輪社⋯⋯嗯⋯⋯下次下次⋯⋯

03.上課是一個好方法

拓展人脈，上課真的是一個好方法。

而且比參加什麼獅子會有效⋯⋯

除了學校的課程，這個世界還有很多值得你去上的課。

想要增加專業知識，各大學的推廣教育部有很多不用交很多錢就能上的課。

想要增加業務能力，卡內基這一類的課也不錯，雖然他們只會一直叫你要加油。

或是你跟我一樣想不開，53歲了又再去念一個博士⋯⋯

這些在你未來都會開花結果的，除了知識的增長，你的同學也有可能會變成你很好的朋友。

想學什麼就快去學吧，這些都會在未來用倍數還給你。

我在30歲那一年，身上剩下兩萬塊，毅然決然地把一萬五拿去交了一個學費——室內裝修考照班，班上同學有18個人，到現在大概有一半還在聯絡，甚至都還有業務關係，那年全班只有我一個人考上，我才發現原來教我們的老師都沒有考過這個考試，所以我才會去文化大學推廣部毛遂自薦變成了教證照考試的

老師到現在……那一萬五早就不知道翻了多少倍……

　　不要再嫌學費貴，老師敢把他的學費弄那麼貴一定有他的道理，如果你去上了，發現被坑了，那你就跳出來變成比他更厲害的老師……

　　還有，記得要自告奮勇當班長……

04.為別人服務是拓展人脈最快的方法

去參加一個新課程，老師問說：有沒有人要當班長的啊。請務必在第一時間舉手，相信我，在未來的日子裡，全班都會記住你這一個人。

進入一個社團，先爭取加入理監事會，你的理事長會很高興的，然後找機會變成理事長。

所有的人脈都是自己找來的，你躲在下面永遠是一個Nobody……

我30歲那一年開始認真的上課，上的第一堂課，老師問說有沒有人自願當班長的，這時候有一個人舉手，不是我，我那時候還不清楚當班長有什麼意義，舉手的那個人說他叫林志穎，他說因為他名字的關係，他覺得等一下老師一定會叫他當班長，所以他乾脆自己舉手。

雖然他長得像陳百祥……

這位林志穎呢，到現在跟我還是好朋友，我們在室內設計業務上也有很多的交流。

另一位朋友，他是台灣省建築公會理事長林大森，有一次我去找他聊天，他鼓勵我繼續攻讀博士，我說：「別鬧了，碩士都唸了那麼多年……」

他說：「你傻啦，我念碩士賺了300萬，念博士賺

了3000萬……」

他是一位開業建築師，可是博士他不念建築了，他念中華大學科技管理研究所，他的同學30幾位都是新竹科學園區的大老闆，一開學，老師問說誰要當班長，他馬上舉手……他就當班長了，同學當然是鼓掌通過，那一天，老師發了10張的英文簡報，要同學下次要交報告，台下一片哀嚎。

那天下課，林班長跑到外面去找了一個大學生，問他說這些你幫我翻成中文有沒有問題？我給你兩千塊，大學生當然很開心，晚上就把翻譯好的文件寄給他了，因為他是班長，所以他有全班同學的電子郵件他都有，他就把翻譯好的文件群發給所有同學……

同學好感動……問他說班長你怎麼這麼好，你英文很好嗎？

他說：「我是建築師，英文怎麼會好……我花2000塊叫一個大學生翻譯的……」

同學：「怎麼可以讓你出錢，明天每位同學交10000塊給你當班費吧……」

然後，這位林班長兼建築師就在念博士的那幾年，接了10幾個廠辦的設計案……

後來我就學會了，每次老師說有沒有人要當班長，我就舉手，然後說：大家好，我叫小鶴……

然後我今年要去念博士了……

05.主動關心別人

　　每個人都希望別人關心他，最好有人讚美他。

　　那就先學會關心別人吧。

　　看到別人FB發了一篇文章，就去按個讚吧，下次見面，就可以用他發的那篇貼文開始你們的話題。

　　偶爾經過朋友開的店，就順便進去晃一下吧。

　　都是小事，可是就會記在他們的人脈存摺裡面。

　　還有，雖然你有年紀了，可是也別一直發老人貼圖。

　　那真的很無聊。

　　我有一個同學，每天都會在同學的群組發老人圖。

　　有一天，我想說他怎麼從來都沒有打過一句話，我問他：老朱，最近好嗎？

　　他發了一張圖：「早安……」

　　下午，我又問他：「老朱，下一次同學會你會來參加嗎？」

　　他：「晚安……」

　　老朱老朱老朱……你還活著嗎？

06.學會聽話

　　學會聽話很重要，有時候大部分的人只是希望你聽他說話，如果你希望跟他是朋友的話。

　　很糟糕的是：「這種能力越老消失的越快。」

　　我在花蓮的時候，曾經有一位退休的校長跑來希望跟我合作文創產業，結果一個小時的時間，幾乎都是我在聽他說文創應該要怎麼做，幸好那時候還沒有疫情，不然我現在應該染疫了。

　　我跟他完全沒有交集，因為他完全不想聽我講話，我只講了兩句，他就說：「你先聽我說……」

　　我們的對話，就在我藉口還有事要辦倉皇結束了，結束之後我只覺得頭好痛……

　　校長您是要來教訓我還是找我合作的？

　　當然，後面我沒有在跟這位偉大的校長見過面。

　　拓展人脈你真的不需要長袖善舞，進入一個聚會的場合，你只要親切的跟每一位打招呼，輕輕的聽他說話，點頭微笑即可，當然不用點得像葉啟田那樣，你會有你自己的風格。

　　很快的，你會發現很多人想要跟你說話，因為大部分的人只會搶話。

　　你不會，所以你是好人……

如果你真的學不會聽人說話，你一直有衝動要別人聽你講話，那很簡單，跟我一樣，來當老師吧，下面的人大部分都不會反駁你……

不過大部分的人是在台下口沫橫飛，在台上像隻烏龜……

07.打造一個響亮的綽號

我有一個學弟，年輕的時候矮矮胖胖的，他說他就是外型不起眼，所以要比別人更搞笑，也要更努力。

他跟我第一次見面就來一個90度的大鞠躬，說：「學長您好，我叫阿水……」

後來我才知道他叫李俊生，完全跟他的外型搭不上的本名，我問他為什麼你叫阿水？

他說：這樣喊起來聳個有力……原來還可以這樣……

他現在是一個事業有成的企業家，開了八家男士理髮廳，一天到晚騎著哈雷到處亂晃，現在他的朋友叫他「路大」，因為他的英文名字叫做Louies。

幫自己取一個響亮的綽號讓別人記住你是一個不錯的行銷策略，我們一天要接觸不少的人，別人不記得我們的全名很正常，除非你常常上社會新聞，比如說陳進興之類的……

好好想一想什麼綽號跟你很匹配，別人又很容易記住你，把它印在你的名片上，自我介紹的時候大聲的說出來……

像這樣：「大家好，我叫小鶴……」（台語）

08.不要看到人脈就想到錢脈

有一句話說：「人脈就是錢脈……」

這句話不一定對，如果你看到人只想到錢的話，應該沒有幾個人想跟你做朋友，那還會變錢脈嗎？

認識一個做保險的朋友，認識沒多久就想要我買保險，還說長照險你一定用得到……

一直問我一年有多少預算買保險？

在受了我幾次白眼以後，他終於放棄了，一直在我身上只看到錢的人，他應該不會有太好的服務。

友情應該像釀酒一樣，需要時間慢慢地發酵，而不是見到人就硬上，當你擁有了一定的格局，錢脈才會發生。

我念五專的學弟，作保險做了20年，見面從不跟我談保險，過年偶而送個小禮物，聊聊天……

有一天我打給他……ㄟ，幫我規劃個長照險，我以後可能會用到……

09.培養自信

　　眞正的自信始於接受自己，包括完美跟不完美。

　　如果你不愛自己，應該也沒有人會愛你的。

　　我們人類在遠古的獼猴時代，帶領猴群的首領通常是最有自信那一個，他的自信讓其他的同類相信，他可以帶領群體去找到食物跟水源，也因爲這樣，在群體裡面通常他最容易被其他的同類看見，而成爲領導者，在群體裡面成爲有影響力的那一個。

　　他不用是最厲害的或最強壯的，可是因爲他的自信，讓其他的猴子不敢輕易地去挑釁他。

　　這樣的基因在我們的身體裡面遊蕩了幾千年，現在，我們不用動不動就跟其他的猴子打架了。

　　自信變成我們在社會上跟別人競爭最基礎的內在的武器。

　　從現在開始，把自己當成一個有魅力的領導者。

　　在我們的生活中，不可能永遠一帆風順，必定會碰到鳥事，你有沒有辦法臨危不亂？

　　例如，你約了一位漂亮的女生去餐廳吃飯，你安排了一切你幻想出來的橋段……這時候服務生把飲料打翻在你身上，這時候你如果開始勃然大怒，或不知所措，這個美麗的約會就毀了。

你可以跟女生說，一定服務生看我太帥，害他不能專心，去化妝室整理一下，沒事的，這以後又會變成你們兩個人的共同話題，而不是以後不再相見。

所以，有自信的人活在當下，並且接受生活中的一切，對世界沒有太多的抱怨。

再來，你要用經驗來加強你的自信。

這就是我常常說的——要追求小成功。

你想要做的事情都要從小成功開始：你想要成為一個有名的室內設計師，那先從一個沒有名的室內設計師開始；你想要有一段美好的戀情，先從跟異性相處開始；你想要賺大錢，先從賺小錢開始，不要害怕失敗，失敗只是養分。

有了內在對自己的肯定以後，你需要靠經驗培養你的外在，讓你的自信從體內慢慢分泌出來，讓他成為你身體的一部分，熟能生巧，巧了以後才能加強內在的自信。

眼見為憑跟內在相信是相輔相成的。

我們需要看到昨天種下的種子發芽，心裡才會有明天為它施肥的打算。

還是不知道怎麼做嗎？

我這本書寫完以後會開始開課，來上課吧，我來教你。

10.停止炫耀你的名車

有一次朋友介紹一位從台北下來的設計師，說台中有一個室內設計案，希望我跟它配合。

在高鐵站接到那一位室內設計師，全身名牌，古龍水撒的全身都是。

我問：「案子多大？」

他說：有200多坪，是上市櫃公司的老闆，應該會花不少錢，我還叫了木工跟水電還有鐵工……

我說：「去看個工地而已叫那麼多人幹什麼？」

他說：「這樣才可以展現我們的實力……」

我：「…………………………」

到了現場，他叫了7個人……

業主說：「我打算花50萬整理一下……」

我後來才知道，這位所謂的設計師，根本不會畫圖，到處找人配合，一天到晚參加社團，開著一台BMW到處裝闊，一天到晚吹牛皮。

另外一次，一位業主找我談圖，我工作室前面無法停車，他要我到全家外面的座位跟他洽談，我問說為什麼？

他說他的車子很貴，怕被人刮傷。

我走過去，看到他那一台800萬的車子，七月，

這位仁兄目測應該有90幾公斤，我們兩個人在七月的艷陽下匆匆地談完圖，他滿身大汗的結束這一次的會議……

他花800萬買那一台車把自己過成那樣不知道為什麼？

他的人並沒有因為那台車而變得瘦一點。

人活得不自在買一台好車來折騰自己幹嘛？

沒有本質學能吹了牛皮早晚會破的。

練習坐公車，你會發現停車位不再困擾你。

無謂的炫耀只是表達內心空虛的膚淺而已。

11.做個有趣的人

什麼是有趣的人呢？

「有趣」不是指會說笑話能讓大家哈哈大笑，而是指你自己所展現的與世界相處的特質。

內向的人和我說：「我的個性不是外向型，不適合與外界交往，大家都說我悶。」

有趣的不是我們侃侃而談，而是我們所呈現出來的與世界進行交流的狀態。

保持好奇、平等心、捨棄玻璃心，這是我認為有趣的人所應該具備的三種特質。

1.保持好奇：要對這個世界保持好奇，對別人保持好奇，如果你對世界不感到好奇，世界當然不理你，如果你對別人一點也不好奇，別人也不會對你好奇，大部分的人都喜歡關心他的人……當然不是叫你一劈頭就問人家一個月賺多少，遇見朋友，關心一下他的近況，而不是驕傲地談你最近買了什麼名牌包，所謂的保持好奇，具體來說，就是面對不熟悉的領域、不了解的話題，不會一味的排斥和逃避，而是願意去了解，甚至是學習。

2.平等心：要把你的朋友都放在跟你一起的水平

上，不論學業、財富或能力，當你用跟朋友平等的心去交往，朋友才會感知到你想交往的誠意。」

3.捨棄玻璃心：不要別人一批評你就勃然大怒，三觀不同，直接封鎖即可，也不要隨便去批評別人，地圖不等於疆域，每個人看到的世界都不同。

有一次，我在過年前終於把要給客戶的設計圖全部趕完了，我在FB發了文：「Holly Shit，終於可以過年了……」

這時候，一位我不是很熟，跟我也一樣是基督徒的網友，在那一篇文的下方留言罵我，說我是基督徒又是大學教授，怎麼可以用這樣的髒話來褻瀆上帝……

這個人很無趣，封鎖……

至於上帝，我相信祂是有趣的，不然怎麼會有那麼多的人信仰祂……

12.練習一個人的旅行

2018年，我常常買了機票就往大陸跑。

三天都可以，因為機票好便宜。

我一個人去北京，住一個晚上台幣680元的青年旅社，跟一群獨自旅行的旅人在旅社的院子裡聊天打屁。

第二天跟著一群不認識的冰島人去了慕田峪長城。

2019年，我買了一台一萬塊的中古野狼機車，帶了簡單的行李就往墾丁騎。

一人遊蕩的享受冬天南台灣的太陽。

一個人的旅行，讓我可以沉澱自己，不會依賴他人，自己控制自己的行程，重要的是，感官會全部打開，盡情地去體驗這個世界。

一個人的旅行，讓我去體驗不一樣的自己，不一樣的風景，跟不一樣的朋友。

出發吧……一個人的旅行……

13.離開你的舒適圈
　　去嘗試不一樣的生活

　　離開你的舒適圈，不是要你拋家棄子去當流浪漢。

　　每天一點小小的改變，可以讓你的生活很不一樣……

　　每天上班走的路，你可以試著走不一樣的路。

　　每次去玩都開車，你可以試著坐火車看看。

　　每天下班都在看電視，你可以去社區大學報名一個瑜珈課程，除了有可能改變你的體態，更可以認識更多的人，而且也花不了你多少錢。

　　八年前我在台中的百貨公司逛街的時候，看到有人在教油畫，我就報名了，現在我已經辦了大大小小12次的畫展。

　　五年前我報名了一個電子琴的課程，現在我是台中市的街頭藝人。

　　兩年前我去考了重機駕照，現在我有了重機駕照。

　　每一個小小的改變，在你的未來都會產生一些影響。

　　離開舒適圈的時候，會感到不安，沒關係，那是

你對陌生環境而引發的保護機制。

　　慢慢的，你會發現這個習慣對你自己產生的重大
改變。

　　你的生活將變得豐富多彩，你的人脈也會在無形
中慢慢擴大，因為你已經不知不覺地變成一個有趣的
人了。

流浪的魚

14.不要抱怨

　　抱怨對於事情是無濟於事的，而且會讓你的朋友直接散開。

　　如果你曾經在一位很會抱怨的朋友旁邊，你會發現從他嘴裡一直散發負面的因子，讓人很不舒服。

　　他會怨天怨地怨社會，可是不知道最大的問題出在他自己身上。

　　她抱怨她的老公，所以老公下班不願意回家。

　　她抱怨她的小孩，所以小孩見面不願意跟她講話。

　　真的，抱怨無濟於事，只會讓身邊的人一個一個離開你，剩下你繼續抱怨。

第六篇
打造你的文案力

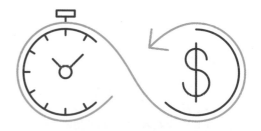

01.文案是做什麼的？

小時候，文案是寫作文給老師看的……

長大後，文案是告訴別人你是賣什麼東西的……

要先幫你的產品想一個響亮的標題，讓客戶掏出金錢來購買，這就是文案的目的。

比如說：感冒用斯斯……為什麼感冒用斯斯而不用舒舒，因為文案被發明了以後，豬哥亮跟羅時豐一直跟你講：感冒用斯斯……

不要說你不會寫文案，「感冒用斯斯」這個文案是一位國小畢業的董事長坐在床邊地上想了七個月想出來的。

因此：

「6小時完成你的室內設計專案」會比「室內設計電腦繪圖班」更加吸引別人的好奇心。

「系統櫃獲利的秘密」會比「系統櫃專業課程」更容易吸引別人點閱。

你絕對寫得出來的，只是你不知道怎麼開始罷了。

我們開始寫文案吧……

02.一句話說出顧客的心裡話

文案必須站在顧客的心理面發出聲音。

文案絕對不是在自嗨的。

多年前有一個朋友，開了一家補習班，他的學生有一位高分考上台中一中，他就在門口弄了一個紅布條，上面寫：「狂賀猛賀用力賀，恭喜XXX高分考上台中一中」

這種文案就叫自嗨，跟你的消費者一點關係都沒有，反而會招致反效果。

如果改成：「想跟他一樣上一中嗎？來這裡」，或許好多了。

文案絕對不是站在自己的立場一直喊口號，喊口號也要喊到客戶心裡去。

不然客戶會想說：「賀個屁阿，阿不就好棒棒……」

03.數字是一個好方法

6小時完成你的室內設計專案。

年收入297萬的秘密。

80%的考照錄取率。

一星期減重3公斤。

數字幾乎是文案的不敗將軍，不過你後面的解釋要說服別人這是真的。

不知道從哪裡開始你的文案，那就從數字開始吧。

04.被黑了不要生氣
有的人連被黑的機會都沒有

我開始在網路上有一點名氣以後，遇到酸民的機會不少。

一開始有人說：「這個老師真會賺錢……」

然後有人說：「根本是一派胡言……」

遇到這種人，最好的方法是：「封鎖！」

如果他真的講得太過分的話，我還可以去法院吉他一下。

老祖宗會說：「你應該反省自己一下……」

喔，抱歉，我不反省的，對於這種莫名其妙的發言反省自己幹嘛，反省只是打擊自己士氣而已。

而且有人黑你，你應該高興，代表你是一個有份量的人。

台灣有一年的總統選舉，蔡英文、韓國瑜以及宋楚瑜，蔡英文跟韓國瑜打得火熱，每天在互相攻擊，新聞每天都是他們兩個的消息，這時候宋楚瑜有一天幽幽地說：「都沒有人黑我……」

知道了吧，沒有人黑比較恐怖，被黑了，表示你還是個somebody，沒有人黑，那你就nobody了。

不要擔心別人怎麼看你，因為根本沒有人在看你……

年收入**297**萬的秘密

05.36個下標法，快速找到文案的靈感

「所有的生意都能用一句話說明，不行的話，那就兩句」

下面是我經常使用的文案36個下標法，提供給各位寫文案的參考。

1. 開門見山法：你還在開店做生意嗎？
2. 給方法：快速設計——用sketch up！
3. 時間限制：限時優惠只到11/11為止。
4. 挑戰性：你可以沒有收入幾天？
5. 說祕密：年收入297萬的秘密。
6. 強調過人之處：30年經驗的設計師教你做設計。
7. 發明新詞彙：老鼠愛大米。
8. 客戶推薦：上萬名學生的推薦。
9. 直接報價：這個月只要16800元。
10. 我可以幫你：魔力達幫你實現人生夢想。
11. 競爭對手做不到的事：課程期限，考上為止。
12. 矛盾：讓人討厭的勇氣。
13. 投資報酬率：學習是永遠不會浪費的投資。

14.大家都愛聽故事：自閉症小孩變成老師的故事。

15.產生畫面、聲音、味道：擁有哈雷，聽風說話。

16.產品與動詞連結：感冒用斯斯。

17.獨家：唯有魔力達，萬事皆可達。

18.客戶覺得不可能的事：6小時完成你的室內設計專案。

19.目標：30天減重3公斤。

20.回答對他重要的問題：已讀不回為什麼？

21.用「為什麼」做開頭：為什麼……我們堅持使用系統櫃做設計？

22.好笑的諧音：很慢的釋迦。

23.送贈品：幫我們留下評價，我們送你一本價值$500的書。

24.給他建議：簽室內設計合約的方法。

25.新消息：機器學習行銷術。

26.引用數據：80％的考照通過率。

27.提出推薦：創業必學的五個技能。

28.有熱度的時事梗：疫情嚴重，在家上課。

29.有用的資訊：如何用SketchUp畫大樣？

30.專攻特定類型：想創業嗎？找魔力達！

31.折扣：輸入優惠碼折價$6000。

32.響應他會關心的事：疫情下的創業因應策略。

33.保證：不純砍頭。

34.條件：一次上課終生複訓。

35.強調好處：不用出門，在家學會全套室內設計
的技能。

36.免運費：購滿1000，免運費。

再想想，可以怎麼樣敍述你的服務或產品。

06.擰乾你的水分

文案要像女孩子的裙子一樣，越短越好。

比如說：Just Do it！

所以不管你多麼喜歡你嘔心瀝血想出來的文案，記得都把它縮短。

短文案才夠力，就像李小龍說的：寸勁。

所有的生意都能用一句話說明，不行的話，那就兩句……

07.開始寫書吧

　　你會開始懷疑這句話……老師，現在寫書還有人看嗎？

　　「書」，是一張大張的名片，他會放在書架上，等有興趣的人來買走他。

　　買他的人，會在這個世界上記住你的名字。

　　不過你不要想用書去賺錢，那個比賣雞排難很多。

　　像我現在寫的這本書，其實是為了我後面要開的一個創業課程有關。

　　寫書很難嗎？

　　其實不難，把大綱寫出來，給自己一個期限，書就會寫出來。

第七篇
設定目標的方法

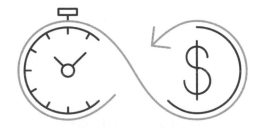

01.勇敢地說：我愛錢！！

錢，每個人都愛。

可是問他爲什麼做這件事情，我常常聽到這種答案：

・喔，我不是爲了要賺錢⋯⋯

・我其實是爲了要做公益⋯⋯

・我是爲了成就感⋯⋯

我很想跟他說，那你把錢給我吧，既然你不愛錢⋯⋯

有一位很久沒有聯絡的長輩，忽然連絡我了，他說他現在開了一個農莊，給小朋友親近大自然的，有一些設計要麻煩我。

我說：「我已經沒有再做設計了，都在教書⋯⋯」

然後他一再盛情邀請，我找了一個沒有事的下午赴約了。

他跟我介紹了他的莊園，看起來做得不錯的樣子，我說您都68歲了，搞這麼大要做什麼？

他說還不是爲了孩子⋯⋯

孩子？你的小孩嗎？

他說不是，是爲了讓小朋友有一個地方可以親近

大自然……

　　喔……那有賺錢嗎？

　　長輩表情嚴肅地對我說：我做這個是爲了理想，不是爲了賺錢……

　　喔……那我先走了……

　　過了兩天，長輩跟我借錢，180萬，說這樣可以幫他度過難關云云……

　　又過了兩天，我把他封鎖了，因爲他說我這麼一點小忙都不幫他……

　　他連自己愛錢都不敢說，連他自己都不相信他愛錢。

　　我更不相信他會把錢還給我。

　　不好意思，我愛錢，我很誠實，我對我自己很誠實，錢才會來找我。

02.設的目標要自己相信會達到的

2018年，我的年收入是100萬，我希望增加到300萬，所以我要說服自己，要如何到達這個目標。

我開始接室內設計案，如果今年可以接6個，一個10萬，應該可以賺60萬。

跟文化大學再討論開課企劃，如果平常日也可以開課的話，每個月應該可以在多個6萬塊。

我朋友請我幫他賣組合屋，第一年就算只賣出三個。應該也可以分到30萬。

油畫如果可以繼續畫，一年賣個兩幅，10萬塊差不多。

有一個電子書的網站，應該去試試，一年進帳10萬應該也不過分。

好好研究一下線上課程，每個月或許會多個3萬塊。

……就這樣，我做完夢以後，隔天開始一個一個去測試。

文化大學談好了，組合屋開始辦說明會，修改我的網站……

然後，我在網路上看到一個廣告，說是一個NLP大師要來談如何成交，我想那跟組合屋的銷售有點關

係，就去聽了。

　　大概也知道，他是要賣課程的，最後，那位NLP大師說：「課程9000塊，上課地點在台北，時間又剛好是我文化大學要上課的時間，那就不能上了……」

　　大師說：不能來上的人可以上網路課程。

　　然後我就刷卡了，第二天，我打電話去問，線上課程怎麼上？

　　電話那頭的女生跟我要了電子郵件，然後說課程已經發給我了。

　　我打開電腦，電子郵件裡面是一個雲端硬碟的連結，裡面只有兩個檔案，分別是兩個大概3小時的錄影檔，就是價值9000塊的線上課程，錄影效果很差，聲音還充滿雜訊……

　　我，忽然懂了什麼了。

　　這樣他都敢玩，那……我還怕什麼。

　　2018年，我開始魔力達設計學苑的線上課程，我應該是台灣室內設計界第一個弄線上課程的人。

　　2018年底，我的年收入是297萬，差3萬達標。

　　那時候沒有疫情，大家都還不太習慣線上上課。

　　會設目標了嗎？設完目標以後上帝會以一個你意想不到的方法幫你修正，你不用擔心。

　　我繼續用這個方法，設定我的目標，2021年疫情肆虐全世界，我設的目標是800萬。

然後，我用910萬達標。

加油，少林功夫一定行地！

03.目標是在自己身上
    不要設定在別人身上

常常有人在設目標的時候，開場白是這樣的：

我希望我的老公……

我希望我的兒子……

我會跟他們說：你的目標如果能實現的話才有鬼！

記得前面說的嗎——一個人不能控制另一個人。

目標要設定在自己身上，自己再用一個什麼方法去做，就可以達到的事情。

可是大部分的人都想把目標設定在別人身上，因爲這樣比較省事，這樣他就可以躺在沙發上看電視，問題是，那一個別人也想躺在沙發上看電視啊，怎麼辦？一起躺下吧，別弄什麼目標了。

更糟糕的是：大部分的人都搞不清楚自己到底要什麼？

04.目標必須是具體的、可量化的

有人設定目標是這樣子的語法：

· 我希望我很有錢。

· 我希望我可以心靈富足。

· 我希望我十年後身體健康。

不好意思，這叫許願，不是設目標，有錢是多有錢？薪水三萬變成三萬五嗎，心靈富足？應該神仙也不知道你到底要什麼吧，身體健康？不坐輪椅嗎？還是頭髮沒有掉光？

目標最好有時間，有數量，可以量化。

比如說：

· 2028年新年我要存款一億。

· 明年今天我要讀完整本聖經。

· 每星期上健身房兩次，每次兩小時。

量化後你自己才知道怎麼去執行，路要先走才會到終點。

05.分割你的目標

你想賺到一億，十年後。

那你現在應該要做什麼？

不要跟我說去買張樂透喔，那表示你不相信自己的目標，不如調到1000萬讓自己相信。

有一個叫做費波那西的理論，可以解釋你要如何達到你的目標。

你可以進入這個網址：

https：//youtu.be/lXpp75gSxsg，或是掃描下方的QR-code進入，這位數學教授解釋得很清楚。

其實他跟我說的小成功很像，你要先找到一個成功的利基點。

用這個小成功，慢慢地轉到你的大成功。

你想賺一億，先想想100萬要怎麼賺到。

賺到100萬以後，300萬就容易多了。

再回來把100萬分成更小塊，如何穩定的一個月賺進10萬塊。

然後你會發現，根本不難，原來你現在只要開始去做一些什麼。

比如說：開始列出100個客戶，然後明天去拜訪5

個。

　　然後你會發現：辦一個說明會，把他們100個找來比較快。

　　然後你又發現：為什麼不找1000個人來辦說明會。

06.為了達成目標你會做什麼改變？

繼續躺在床上想像你有朝一日會變成億萬富翁嗎？

起來做你該做的事吧。

我在創立魔力達的時候，想說線上課程要怎麼賣，想起我之前曾經號召一個加盟，要大家合作來賣一個組合屋，就在我認識的line群組中貼了一個說明會的訊息，竟然也來了12個人，最後竟然有7個人交出加盟金，雖然那個組合屋最後不了了之，我卻有了銷售演講的經驗，我以前不敢的。

所以我又在line群組中貼了一個訊息，說我要教大家如何在6小時完成你的室內設計專案，本來想說應該來的人不多，就跟朋友的咖啡廳租了一個20人的小教室，結果報名要來聽的人多達80幾個，我嚇一跳，趕快跟朋友換成最大間的會議室，那一天，我成交了大概10萬塊，大概等於我之前在大學教課一個月的薪水。

其實在做這些事之前我有很多的小聲音……

‧我這樣賣課程好嗎？

‧訊息po出去萬一有人不喜歡怎麼辦？

‧我如果講不好怎麼辦？

．．．．．．．．．．．．

這些聲音會一直跳出來干擾你，

你要做的就是：豁出去……做就對了。

我現在，一場演講沒有成交到10萬塊我反而覺得很奇怪，是因為天氣不好嗎？

所以你的改變是什麼？各位未來的億萬富翁。

07.達成目標後適時的獎賞自己

　　人都是需要鼓勵的，你自己也不例外。

　　我不建議人一直處在高壓的工作狀態中，都忘記你這麼努力賺錢是爲了什麼？

　　適時的放鬆自己，來一場說走就走的旅行。

　　三年前的一天下午，我剛辦完一場還不錯的說明會，成交了8張單。

　　看到陽光正好，於是騎上我的老野狼，就往南方去了。

　　第一天住斗六，隨便的一家汽車旅館。

　　第二天早上，台一線的烏煙瘴氣，讓我轉了方向往阿里山，那天下午，我在達娜伊谷的河裡面看著櫻花鉤吻鮭泡腳，夜宿奮起湖。

　　第三天沿著臺三線一路南下，曾文水庫美極了，下午五點的時候到達枋山海邊，看著夕陽喝咖啡，晚上去南灣找了一家看得到海的民宿。

　　第四天，我披著浴巾往海裡去，玩了一個早上的水。

　　晚上騎到台南找我妹一起吃晚餐，吃完晚餐，我妹問：「要騎回台中嗎？」

　　不騎了，去火車站找了一家寄機車的店，幫我運

回台中。

　　累了，我去坐高鐵。

　　這樣的記憶，我有好幾段，一直豐富著我的生活。

　　千萬不要忘記你努力賺錢是爲了什麼……

第八篇
自在
是人生最可貴的財富

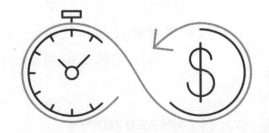

01.這本書並沒有要教你變成巨富

當然，變成巨富很好，可是我會覺得，一個心靈跟金錢都富足的生活更重要。

一昧追求金錢，很可能會失去了自我。

這個論點不一定對，各位可以自己去衡量。

更重要的是：「我的生活只是小富，還不到巨富。」

目前我一年大概賺1000萬，一人公司，睡到自然醒，不用管公司，可以有自己想要的生活，現在這樣，我覺得很好。

我開不太貴的進口車，因為太貴了開出去會深怕跟別人的擦撞，200多萬的車，我大概兩個月就賺到了，這樣的車對我來說沒有壓力。

我騎一台中古的老野狼，我在潭子路邊的機車行買回來的，花了一萬塊，再花一萬塊把他整理了一下，偶爾，我喜歡騎機車到處晃，我騎過中橫，騎去墾丁，更常騎去彰化上大學部的課。

有朋友問：不買一台重機嗎？

我說：不要，我萬一不想騎了，重機的話機車行不會幫我托運，我這一台小白（我對老野狼的稱呼），我不想騎了他可以自己回來，我自己去坐高

鐵，而且他不會鬧脾氣，修車費好便宜。

　　小白給我好多回憶。

　　我的生活只是小富，還不到巨富⋯⋯所以成爲巨富的方法我也不會

　　而且我相信，成爲小富以後，要成爲巨富應該不太難。

　　要成爲巨富你們去吧，我要去玩了，我今年想帶小白去騎南橫。

02.吃得好，睡得飽
　　就是人生最大的財富

　　30歲到40歲是我人生一段很黑暗的日子。

　　負債上千萬，跟了一個不對的人在一起，每天都在煩惱錢。

　　我曾經跟地下錢莊借錢，看著自己被利息壓得喘不過氣來。

　　夏天的下午三點，我站在銀行門口全身冒冷汗。

　　那時候搞不清楚人生為什麼這麼辛苦。

　　我後來脫離了那個日子，總算睡覺的時候不用再煩惱明天的支票。

　　吃下去的飯不會再吐出來，我才了解了這句話：「吃得好，睡得飽」就是人生最大的財富。

　　我跟上帝說：有一天我要幫助別人不要過這種日子。

　　所以我寫了這本書。

　　希望看到這本書的你，都能夠擁有平安幸福的生活，吃得好，睡得飽。

03.不要再追求一些不必要的虛榮了

有朋友跟我說，他有錢了一定要買一台瑪莎拉蒂，有一個大房子……

我問：「為什麼？」

他說：「我要讓大家看得起我……」

那……這個真的是你要的嗎？

你在描繪夢想的時候只有別人的期待，卻忽略了自己真實的慾望。

試著忘掉別人，面對真實的自我，去找出獲得快樂的真正方法。

或許你還是想要瑪莎拉蒂，不過你應該要知道他真正可以給你帶來什麼樣的快樂，而不是要炫耀給別人看。

五歲的時候，媽媽告訴我快樂是人生的關鍵。上學以後，他們問我長大後的志願夢想是什麼？我寫下「快樂」他們說我沒搞清楚題目，我告訴他們是他們沒搞清楚人生——約翰藍儂。

04.不要再把你的幸福託付在別人身上

媽媽說：「我所有的希望都在你身上了……」

父親說：「爲什麼你這麼不爭氣……」

老婆說：「別人的老公都可以賺這麼多錢……」

老公說：「別人的老婆爲什麼都這麼賢慧……」

兒子說：「爲什麼我爸爸不是郭台銘……」

他們都忽略了，爸爸媽媽老公老婆兒子女兒……都各自有自己人生的幸福，你呢？你自己的幸福要靠自己創造，而且，你應該是一個給幸福的人，而不是一個跟別人要幸福的人。

這樣，幸福才會眞的來臨。

我們每一個人都對這個世界需索無度，卻剝奪了世界該有的運行規則。

這幾年我聽到一個很感同身受的名詞：「情緒勒索」。

眞的，很多人很習慣把自己的希望強加在別人身上，卻忘記了別人想要的根本不是這一些。

然後，就會用情緒去逼別人就範……

然後，就會變得更糟……

佛家有一句話說得很棒：求功德便無功德。

第九篇
朝著夢想前進

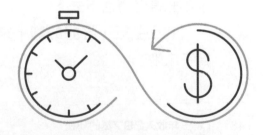

01.你有想過你的夢想是什麼嗎？

問問自己：「你的夢想是什麼？」

這一輩子當你走向人生盡頭的時候，你希望完成什麼事？

年輕的大津秀一是一位安寧病房的醫生，他寫了一本《臨終前會後悔的25件事》，那是他在「臨終關懷」了一千位病患之後，根據他們的臨終遺書整理的一本書。

大津秀一陪伴上千名病患走完人生的最後一程。他看過許多的人生尾聲，有一輩子為愛而生，決定與新伴侶共度一生的女性，也有放棄都會生活，在高原展開第二人生、與自然共生的男性，或是直到最後一刻，都把心血貫注在作品上的男性。這些人是如此耀眼、活出自我，在他們身上，幾乎看不到一點陰影。

書中列出25項最具代表性的煩惱，若能及早面對這些課題，事先做好準備，人生就不會徒留悔恨。

或許你都為了工作，沒有想到工作的目的是什麼。

或許你一直在為別人活著，如果別人不見了你甚至不知道怎麼活下去。

找一張紙，好好的靜下來，把你人生想做的事情寫下來吧。

02.列出你的八大夢想

我的一位朋友，是個億萬富翁，有一天，他退休了，他跟我說，他現在不知道自己要做什麼……

我後來發現，身邊很多朋友跟他一樣，離開了工作，他忽然不知道自己還能做什麼？

不過，他算幸運的，至少他窮得剩下錢……

很多人，卡在他自己無法跳開的生活裡面，卻不知道如何是好。

每天抱怨他自己的工作，卻又不肯改變。

拿一張紙，寫下你一直很想去做的事。

8是一個還不錯的數字，就寫8件事吧。

1.存款一億。

2.買一塊地，蓋一棟自己的房子。

3.拿到博士學位。

4.畫1000副油畫。

5.騎重機橫越中國。

6.搭青藏鐵路。

7.去巴黎住一個月。

8.多益考900分。

這是我的，不要抄我的，你有你自己的人生。

先寫下來，你會發現它會自己實現。

03.找到你的天賦

每個人都有它自己的天賦，而且都不一樣。

怎麼找到自己的天賦？只有一招：不斷的去試……

我在16年前為了要養家糊口，硬著頭皮寫了一封電子郵件給文化大學，說我覺得我可以去他們學校教書，在那之前，我是不知道自己會教書的。

8年前我開始學油畫，到現在我辦了12個畫展，在那之前我是不知道我是會畫畫的。

也有些是我去試了以後才知道那不是我的天賦……

我19歲的時候去應徵吧檯，拿著吧檯刀，師傅被我嚇到臉色發青，因為我的手抖到刀子快要飛出去，我有一個遺傳性的疾病：「原發性顫抖」，可是我畫圖就沒問題。

我三年前去學電子琴，兩手怎麼樣也協調不過來，喔，那不是我的天賦……

你也有你自己的天賦，說不定你就是那個很會切水果跟彈電子琴的人……

04.什麼條件可以讓你得到這些夢想？

再來，問問自己有什麼條件可以得到這些夢想？

你現在月薪三萬，做著一個沒什麼希望的工作，那你要不要先換一下工作？

你沒什麼技能，那要不要先去學一下技能？

你每個月薪水都花光，那要不要試著先花少一點，或者去找一個兼差的工作。

剛開始都是辛苦的，不過沒有開始，你永遠都在原地。

從一些小小的改變開始，說不定可以走出一條大道出來。

05.是什麼阻礙你得到這些夢想？

其實，阻礙你得到夢想的人就是你！！

我常常鼓勵學生要多上台，學生給我的回應是：我還沒準備好……

那……你什麼時候準備好？我覺得你可能一輩子都不會準備好，你只是打不贏你心裡的那一個魔王而已。

或者有人給我的回應是：「我們做人要低調一點……」好像順便回馬槍說我太高調了……

我必須說：「低調只是你不敢做的藉口罷了。」

很多人會跟我說他的不成功與落魄是因為：父母。時勢。機運。風水……甚至天氣。

其實只是因為他連舉手的稍微高調都不敢，寧願封閉在自以為安全的小世界裡面，繼續低調下去，然後一直都沒有準備好。

06.得到這些夢想以後的世界會是如何？

　　我有一個木盒子，裡面裝著我的夢想，我把它放在我的桌子下面，每隔一陣子都會把它拿出來看一下。

　　盒子裡面裝著所有我想做的事情，不管是文字，還是圖片。

　　我在三年前把要在三義買土地蓋一間房子的願望放進去，後來我在南投國姓北山村買了一塊土地，現在正在努力存錢蓋房子。

　　我也寫了要念博士的這一個夢想，我現在是朝陽科技大學企管系二年級的博士生。

　　我寫了「一人公司，年收入1000萬」，我去年的收入是910萬。

　　盡量鮮明你的夢想，世界會為你實現。

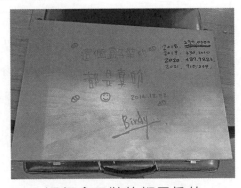

這個盒子裝的都是真的

07.所以，你要如何開始你的夢想？

所以開始你的夢想，我給你幾個建議好了：

1. 找一個木盒子或鐵盒子，把你10年後要完成的事都丟進去。
2. 找一本漂亮的簿子，把今年要做什麼都寫出來，具體且有數字，例如：年收入300萬。
3. 開始去做一些什麼，比如說：報名一個考證照的課程。
4. 戒掉低調的壞毛病。
5. 每天至少一小時為了夢想做一些改變。
6. 每天想像你達成夢想的樣子。
7. 為了達成夢想，努力的找方法。
8. 堅持……不要臉……堅持不要臉……
9. 還有，報名小鶴老師的課程……為什麼？因為小鶴老師夠不要臉……

08.祝福看完這本書的人都能夢想成真

　　這本書寫了快3年。

　　這3年裡，世界產生了巨大的變化。

　　Covid19席捲全球，改變了我們對世界的想法。

　　狄更斯小說《雙城記》開頭寫道：那是最好的時代，那是最壞的時代……

　　很多人在這一波疫情失去了賴以為生的工作。

　　卻有許多人在這一次找到了另一個事業的契機。

　　我很幸運的是屬於後者。

　　2018年，我創業失敗，身無分文的我開始研究如何在網路上創業，並且用我自身的才能開始我的線上教學課程，獲得了還算不錯的成績。

　　現在的我，在南投擁有一塊土地，並且積極籌備蓋自己夢想中房子的事宜。

　　兩個小孩我都有能力讓他們受良好的教育。

　　今年我被提報為台中市優良教師。

　　夢想正一個一個實現。

　　2021年，我報考了企管博士班，也順利錄取了，我想要更加了解創業的理論基礎。

　　也在學校遇到了很多很厲害的人。

　　有月收入1500萬的跨國公司大老闆。有廠房上千

坪的傳產創業家。還有爲了原住民文化努力的原民舞蹈老師，他們都是我的同學，我在他們身上看到了更多創業成功的可能性。

我創業成功了，而且我想用我的經驗幫助別人創業成功，這是我未來的夢想與願景。

這本書出版以後，我將會在網路及實體開設創業課程，就在我的這個網站：

魔力達商學院——https://www.moride.biz/

希望能夠幫到對人生有夢想的你。

國家圖書館出版品預行編目資料

年收入297萬的秘密／許鶴耀著. --初版.--臺中
市：白象文化事業有限公司，2023.4
　　面；　公分
ISBN 978-626-7253-58-8（平裝）
1.CST: 創業 2.CST: 成功法
494.1　　　　　　　　　　112000686

年收入297萬的秘密

作　　者　許鶴耀
校　　對　許鶴耀
發 行 人　張輝潭
出版發行　白象文化事業有限公司
　　　　　412台中市大里區科技路1號8樓之2（台中軟體園區）
　　　　　出版專線：（04）2496-5995　　傳眞：（04）2496-9901
　　　　　401台中市東區和平街228巷44號（經銷部）
　　　　　購書專線：（04）2220-8589　　傳眞：（04）2220-8505
專案主編　李婕
出版編印　林榮威、陳逸儒、黃麗穎、水邊、陳婷婷、李婕
設計創意　張禮南、何佳諠
經紀企劃　張輝潭、徐錦淳、廖書湘
經銷推廣　李莉吟、莊博亞、劉育姍、林政泓
行銷宣傳　黃姿虹、沈若瑜
營運管理　林金郎、曾千熏
印　　刷　基盛印刷工場
初版一刷　2023年4月
定　　價　297元

白象文化　www.ElephantWhite.com.tw
印書小舖 PressStore出版印　出版・經銷・宣傳・設計
f 自費出版的領導者　購書 白象文化生活館

歡迎進入我的網站給我一些回饋
也預祝你的夢想成真